Ornamente und Muster

1 Setze die Bandornamente fort.

a)

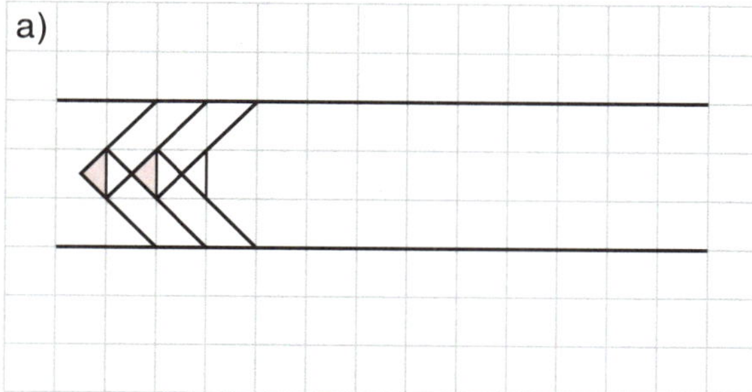

b)

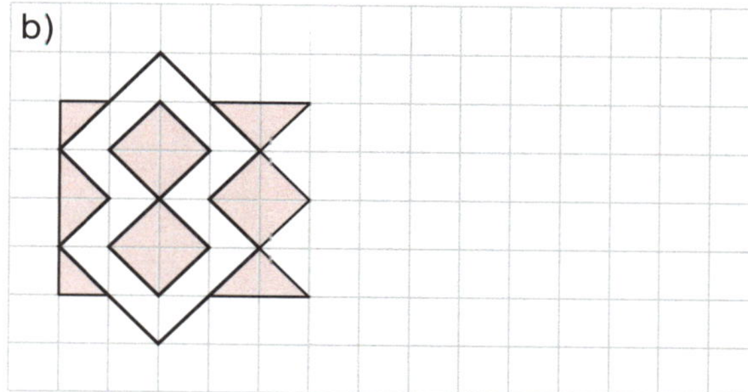

2 Setze das Muster fort.

3 Ergänze das Muster jeweils in Uhrzeigerrichtung.

a)

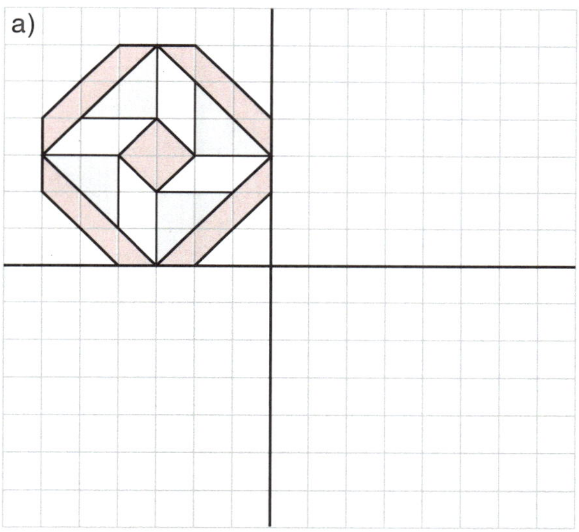

b)

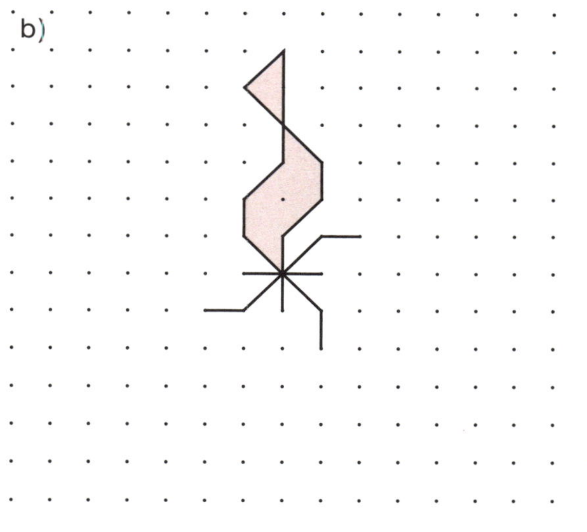

4 Entwirf selbst ein interessantes regelmäßiges Muster.

Achsenspiegelung

1 Spiegele die Figur an der roten Spiegelachse. Beschreibe die Gesamtfigur.

a) 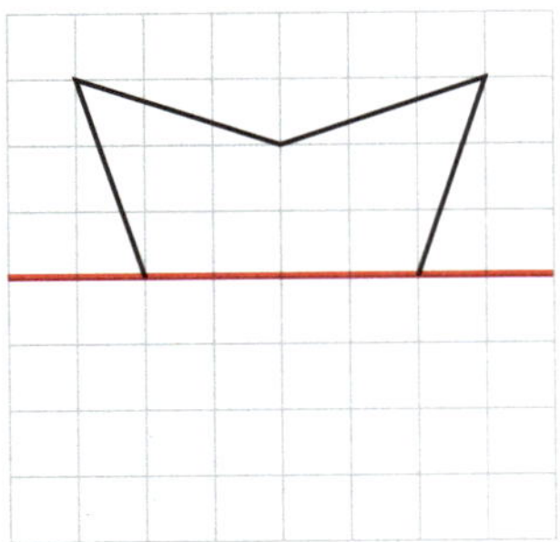

b) 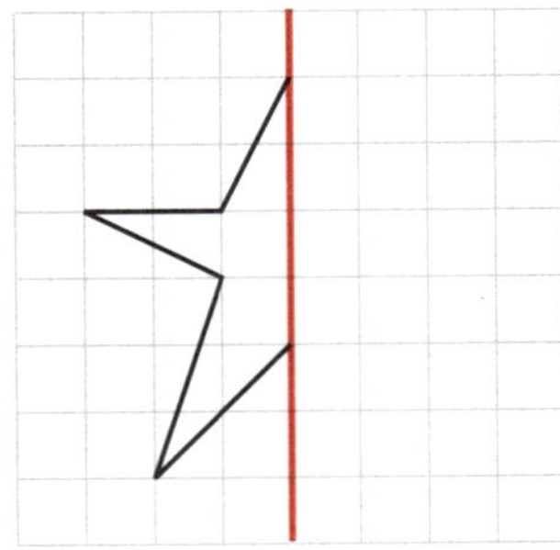

c) 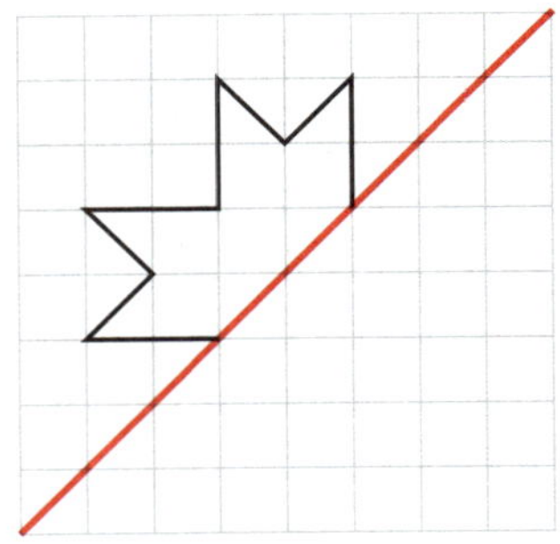

2 Spiegele an der roten Spiegelachse. Wie viele Symmetrieachsen hat die Gesamtfigur? Zeichne sie ein.

a) 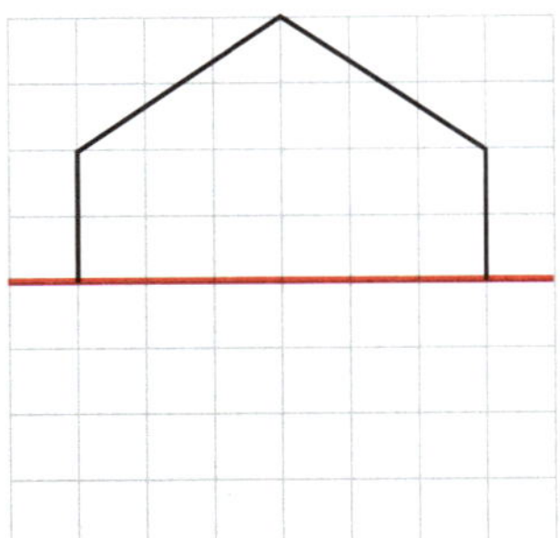

b) 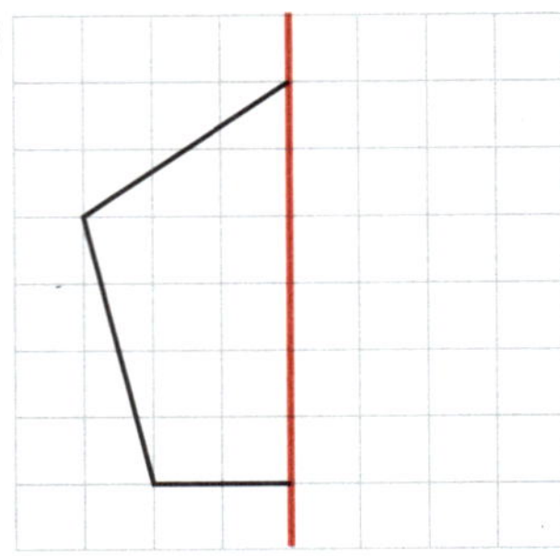

c) 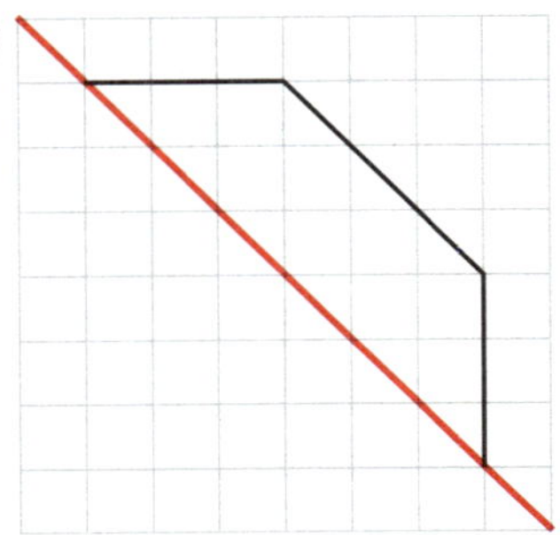

3 Spiegele die Figuren an der roten Spiegelachse.

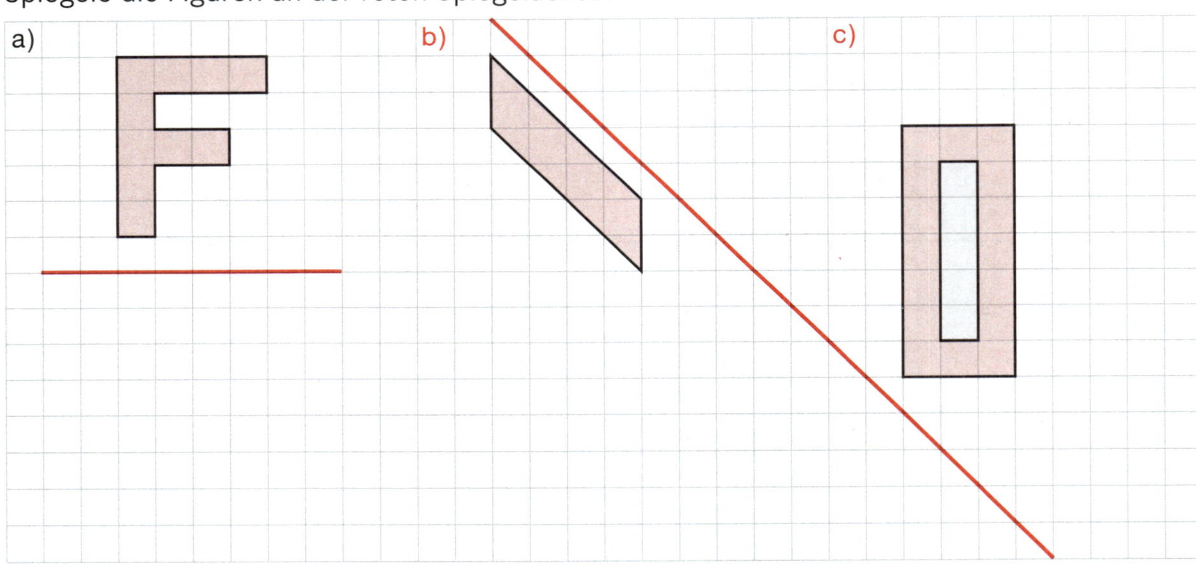

4 Simon behauptet: „*Wenn man ein Quadrat oder eine Raute an einer Diagonale spiegelt, fällt die Bildfigur mit der Originalfigur zusammen. Beim Rechteck ist das ebenso.*“

Grundkonstruktionen

1 Konstruiere mit Zirkel und Lineal die Mittelsenkrechte.

a)

b)

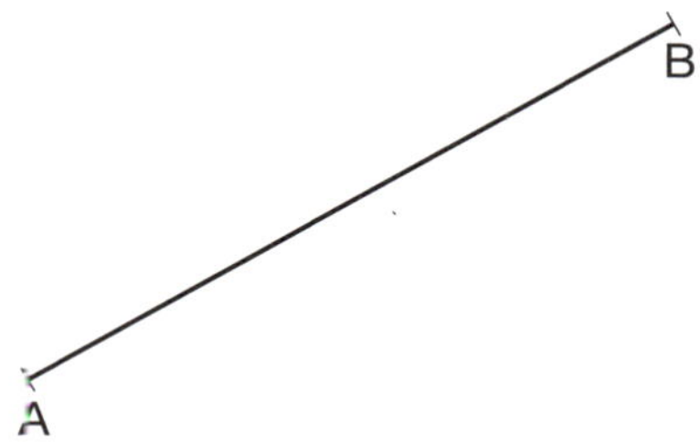

c)

2 Fälle das Lot vom Punkt P auf die Gerade g.

a)

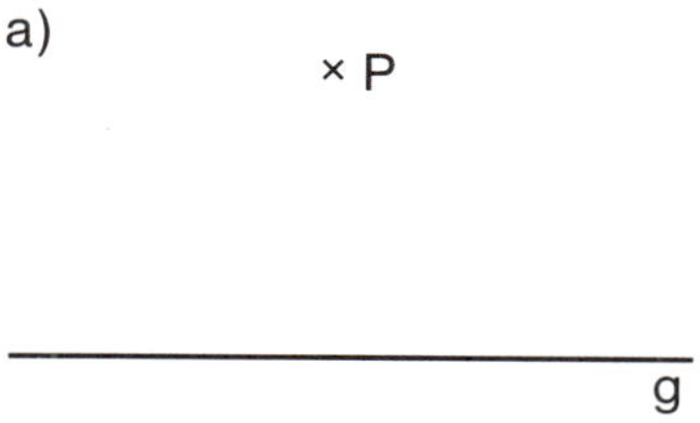

b)

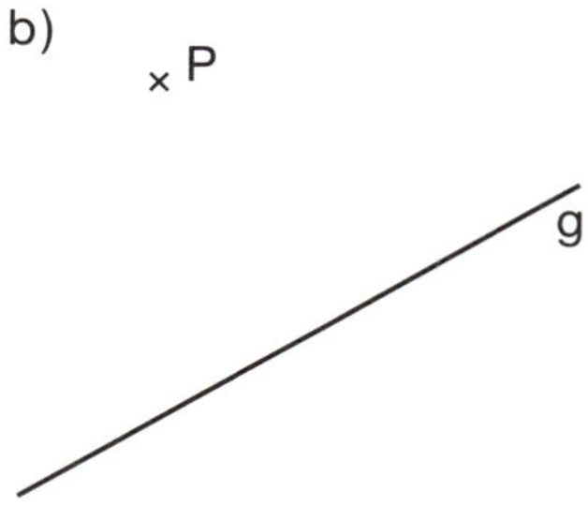

c)

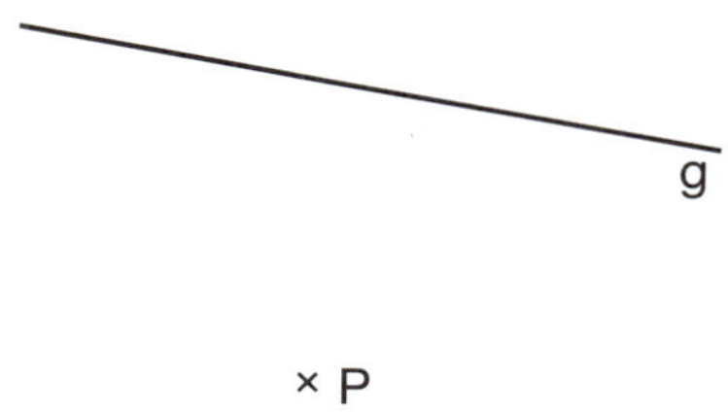

3 a) Konstruiere zur Geraden g eine Parallele h im Abstand von 1,8 cm.

b) Konstruiere zur Geraden g zwei Parallelen h_1 und h_2 mit dem Abstand 2,5 cm.

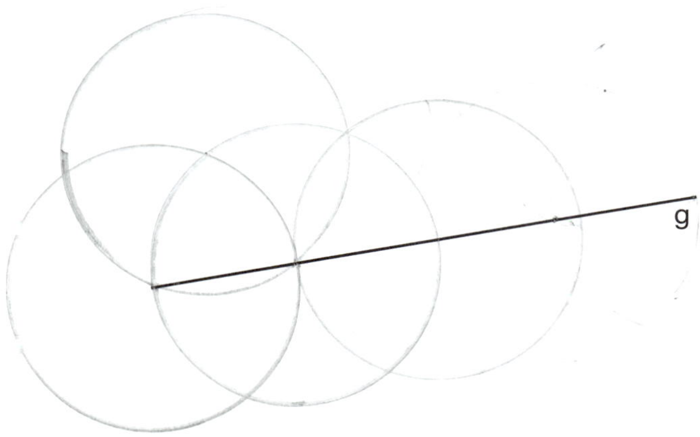

4 Konstruiere die Winkelhalbierende.

a)

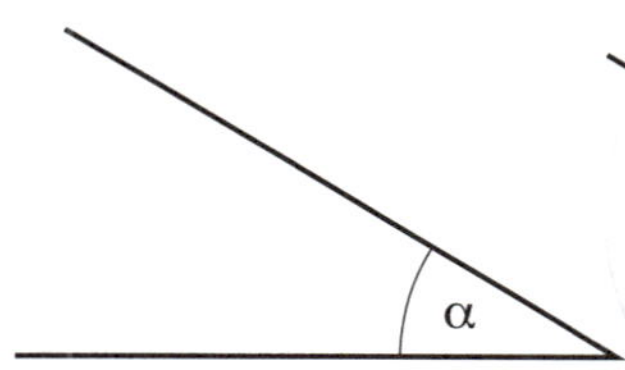

b)

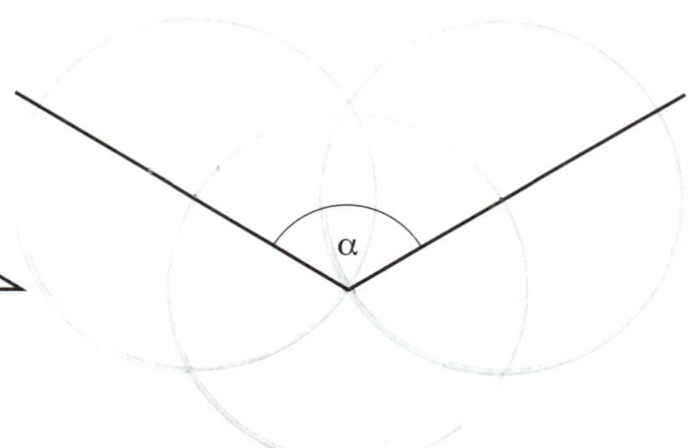

c)

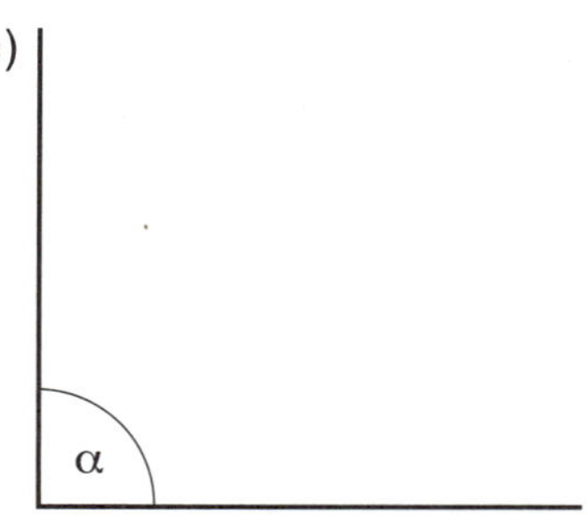

Verschiebung

1 Verschiebe die Figur entsprechend dem angegebenen Verschiebungspfeil.
Gib die Verschiebungsvorschrift an.

a)

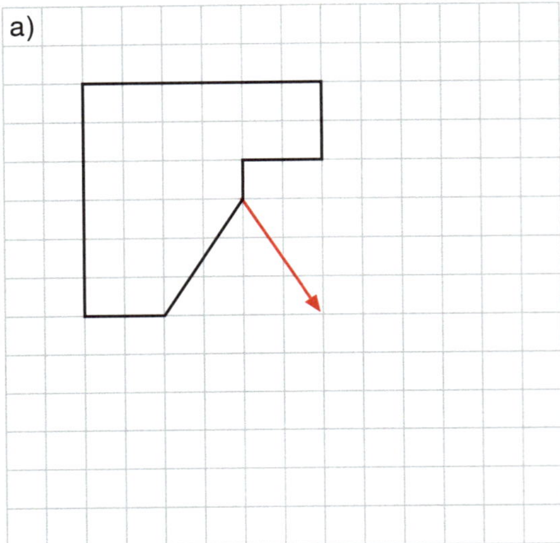

Verschiebungsvorschrift:

____

____

b)

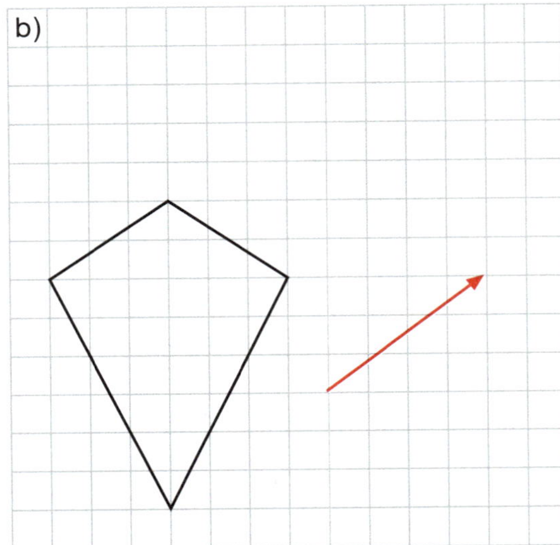

Verschiebungsvorschrift:

____

____

2 Verschiebe die Figur entsprechend dem angegebenen Verschiebungspfeil.

a)

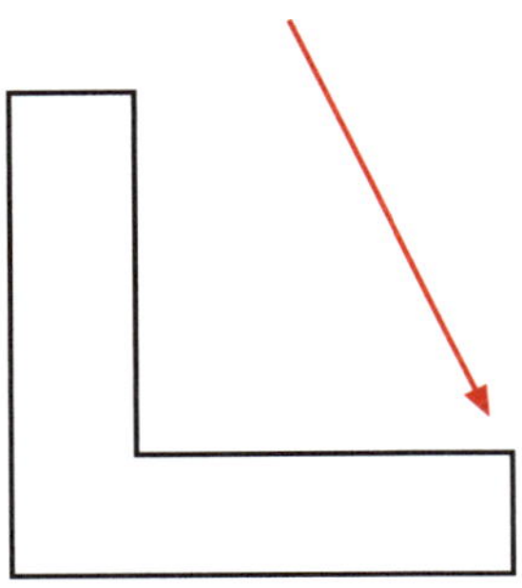

b)

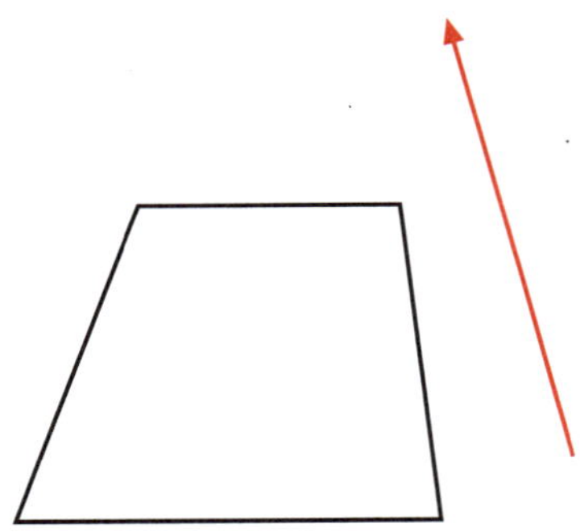

Drehung

1 Drehe die Figur um 90° um den Punkt Z.

a)

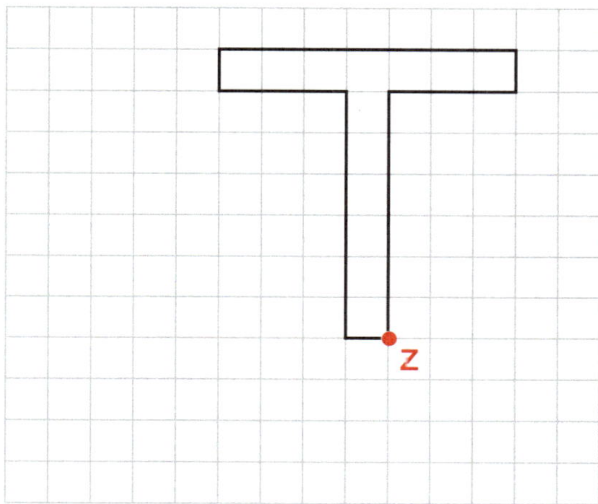

b)

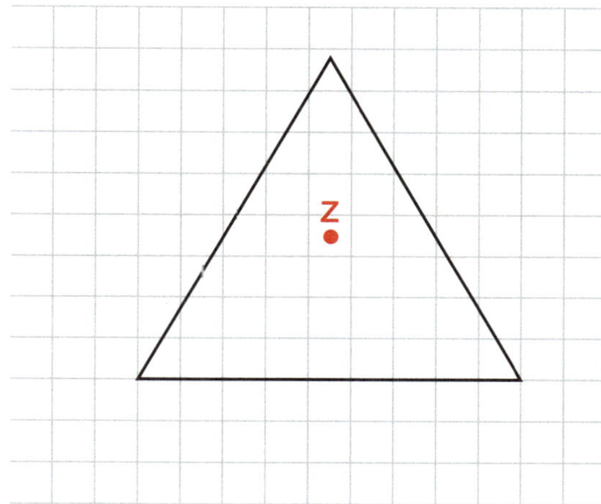

2 Drehe die Figur um den Punkt Z um 180°.

a)

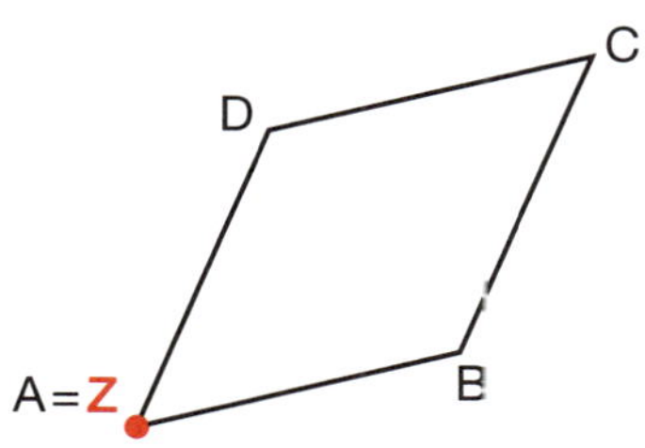

b)

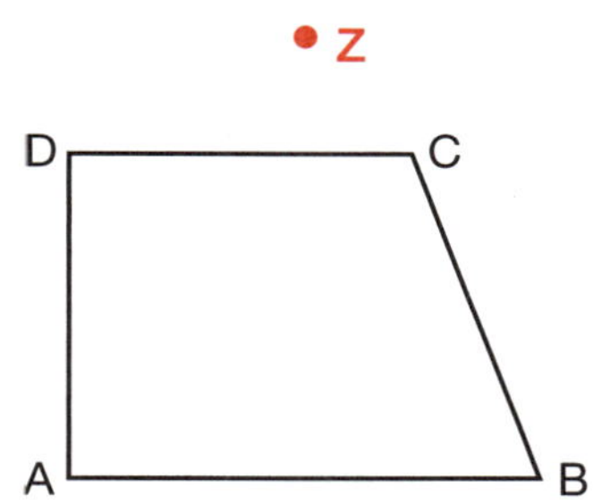

3 Drehe die Figur um 45°. Das Drehzentrum ist Z.

a)

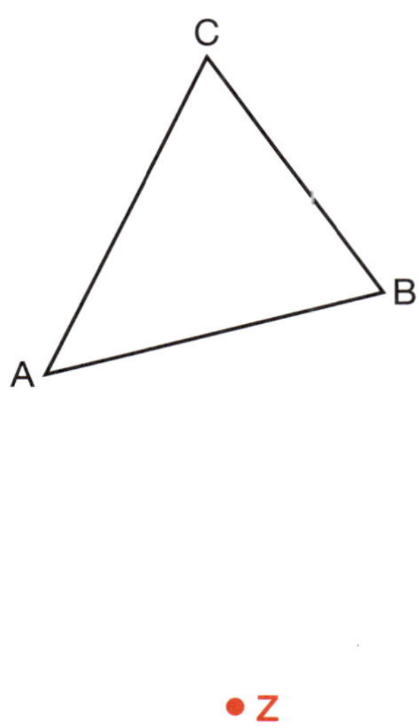

b)

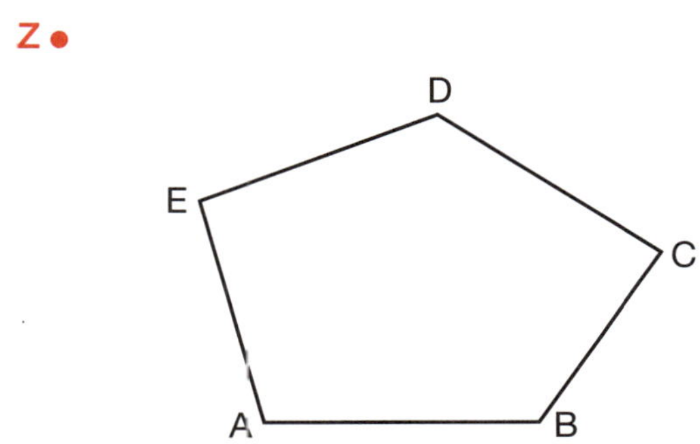

Nacheinanderausführen von Spiegelung, Verschiebung und Drehung

1 Spiegele das Dreieck ABC zunächst an der Geraden s. Verschiebe anschließend die Bildfigur A′B′C′um 6 cm nach rechts und um 1 cm nach oben. Drehe nun das Dreieck A″B″C″ um 90°. Das Drehzentrum ist B″.

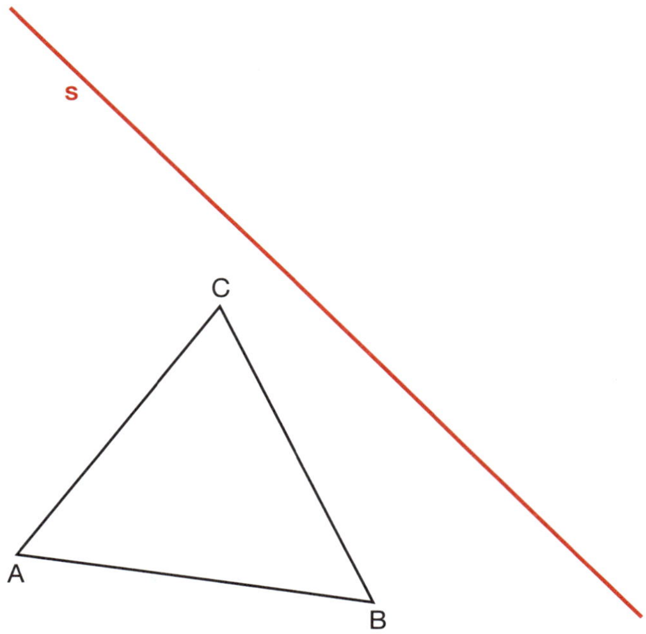

2 Spiegele das Dreieck ABC nacheinander an den zueinander parallelen Spiegelgeraden s_1 und s_2. Gib eine andere Möglichkeit für die Abbildung des Dreiecks ABC auf das Dreieck A″B″C″ an.

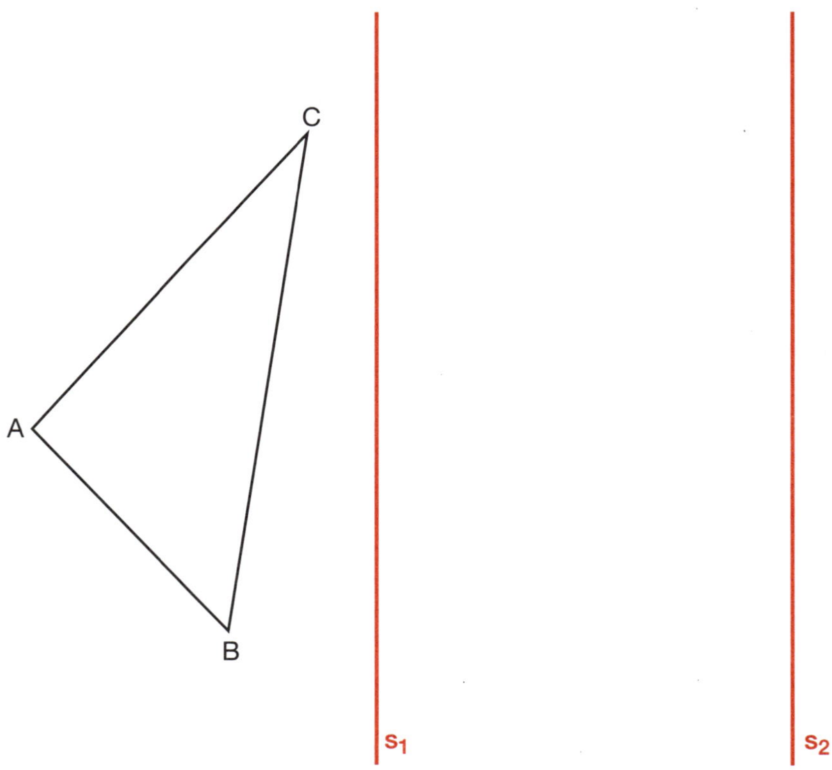

Symmetrische Figuren

1 Welche der Figuren sind achsensymmetrisch? Zeichne die Symmetrieachse ein.

2 Untersuche, welche Pfeilbilder achsensymmetrisch sind. Zeichne alle Symmetrieachsen ein.

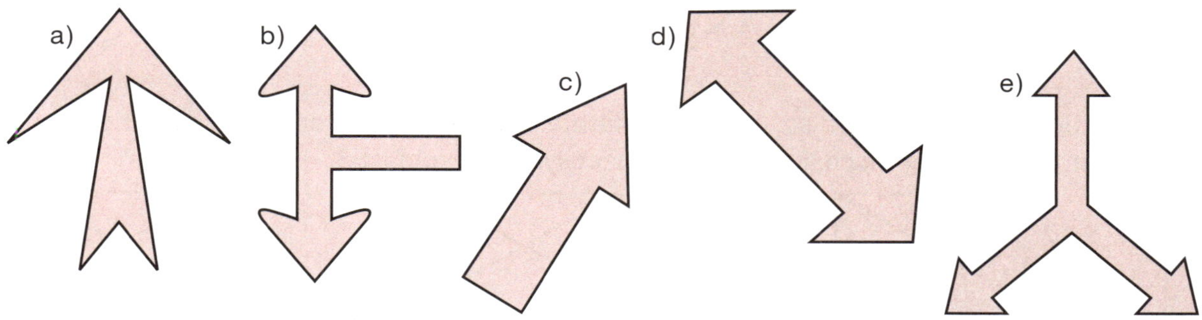

3 Zeichne alle Symmetrieachsen ein.

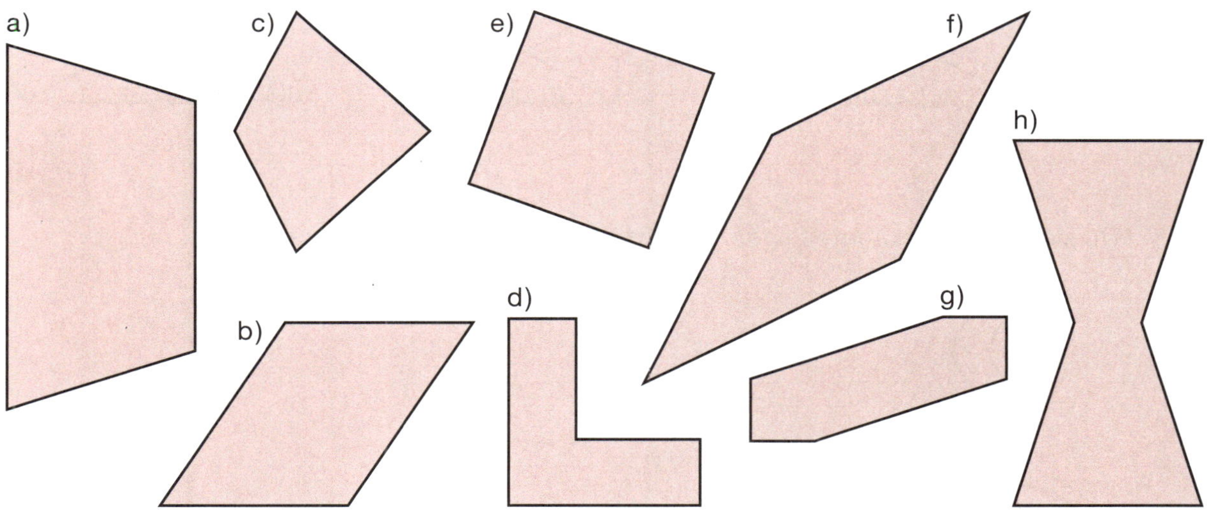

4 Ergänze die Figur so, dass sie symmetrisch ist. Kennzeichne Symmetrieachsen oder das Symmetriezentrum.

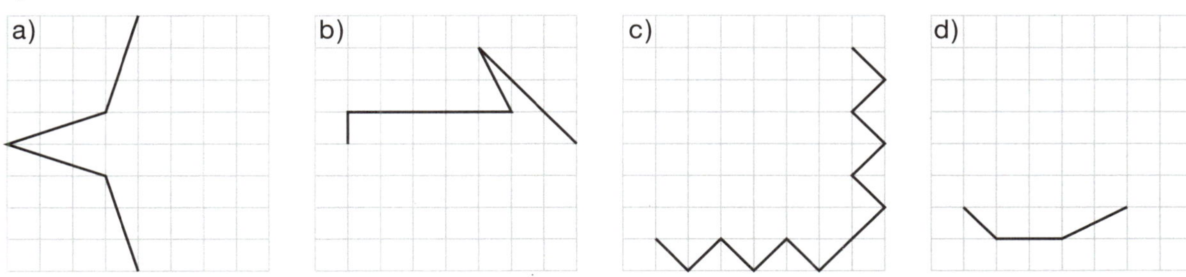

Symmetrische Figuren

1 Färbe einige Teile der Figur so, dass die gefärbte Gesamtfigur drehsymmetrisch (punktsymmetrisch) ist.

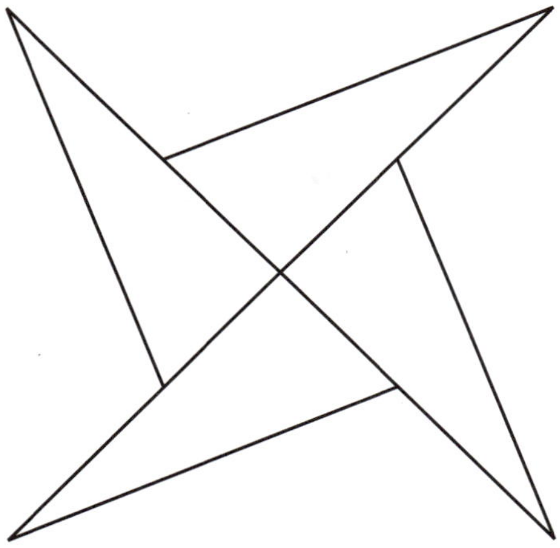

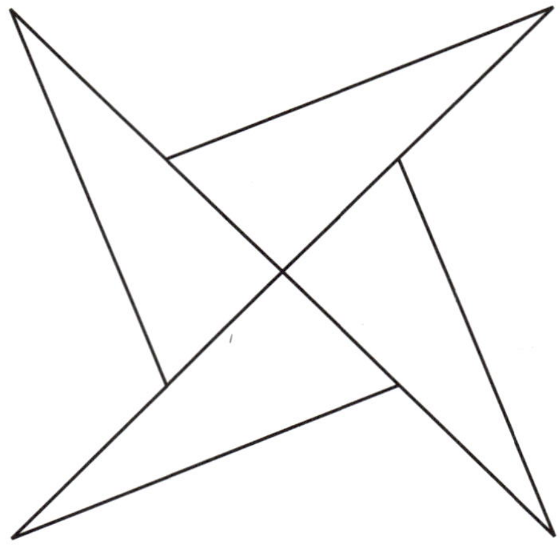

2 Färbe einige Teilflächen so, dass die gefärbte Gesamtfigur nur achsensymmetrisch (nur punktsymmetrisch; punkt- und achsensymmetrisch) ist.

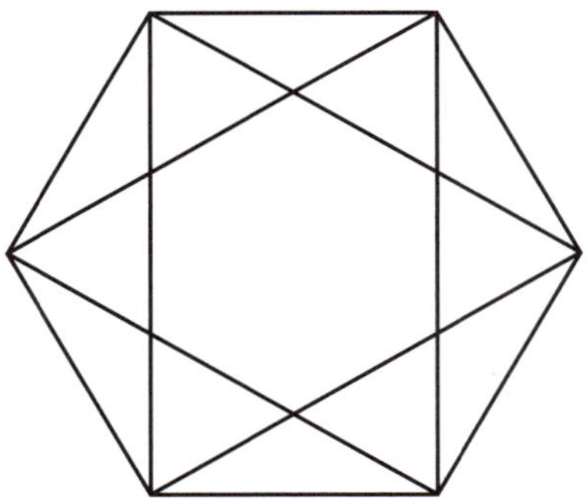

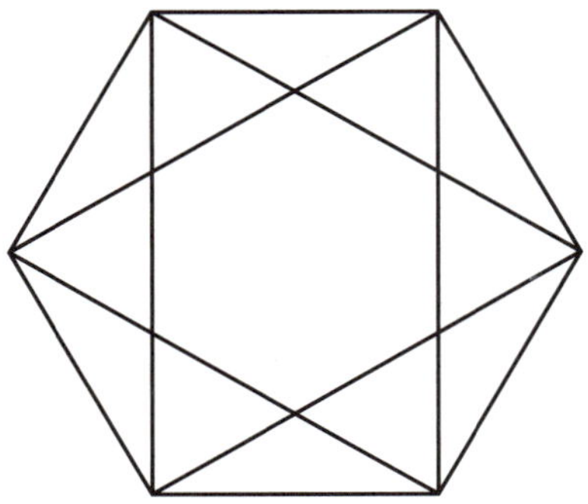

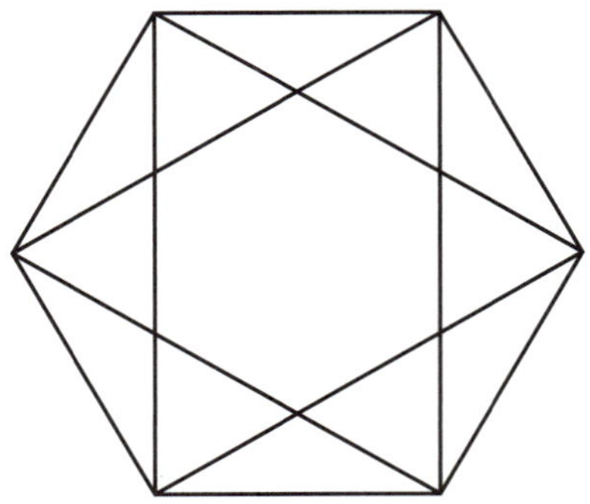

3 Du siehst drei bekannte Logos. Entwirf selbst zwei symmetrische Logos.

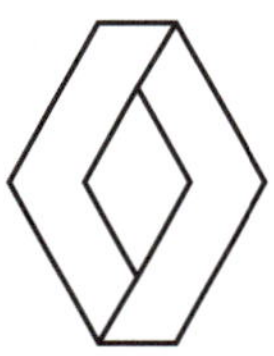

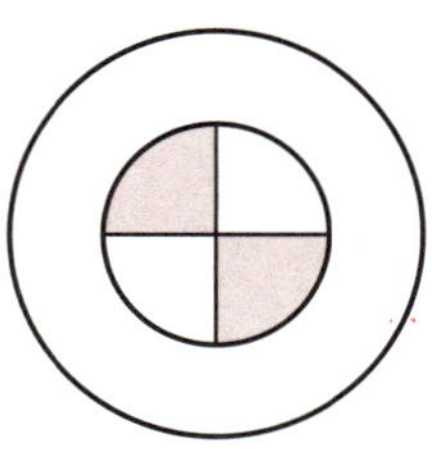

Bruchteile herstellen

1 Nach Sabines Geburtstagsfeier ist einiges übrig geblieben.
Gib die Reste als Bruchteile an.

2 Bestimme den roten Bruchteil.

a) 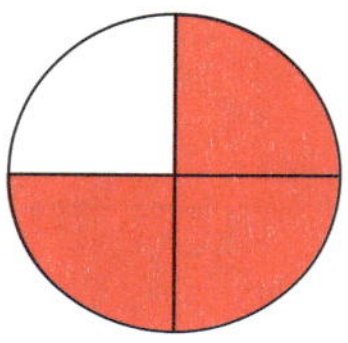 ____

b) 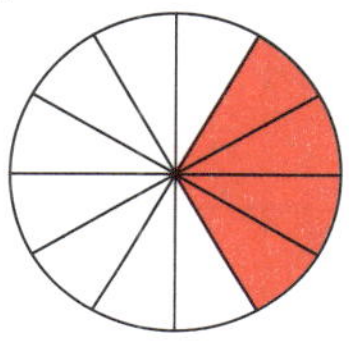 ____

c) 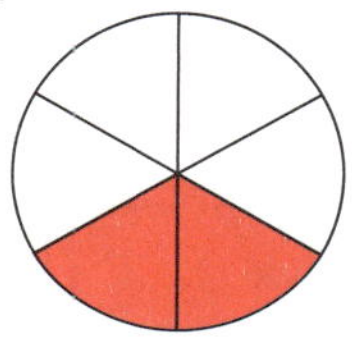 ____

d) 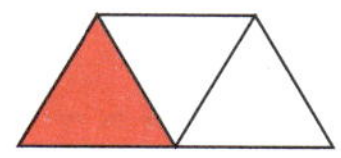 ____

e) 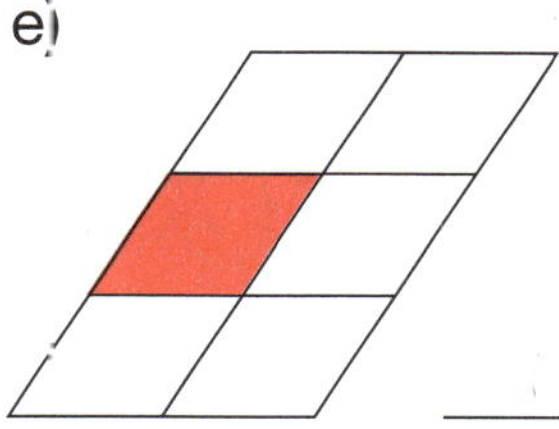 ____

f) 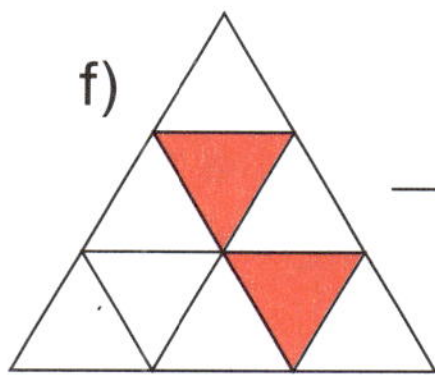 ____

g) 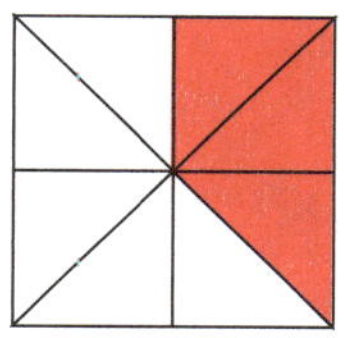 ____

h) 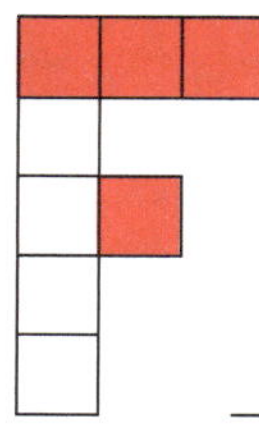 ____

3 Färbe den angegebenen Bruchteil. Welcher Bruchteil ist nicht gefärbt?

a) 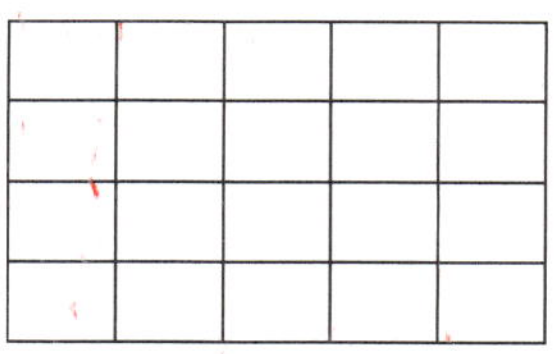 $\frac{1}{5}$ ____

b) 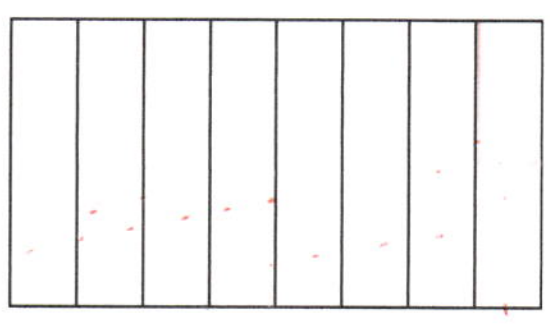 $\frac{3}{4}$ ____

c) 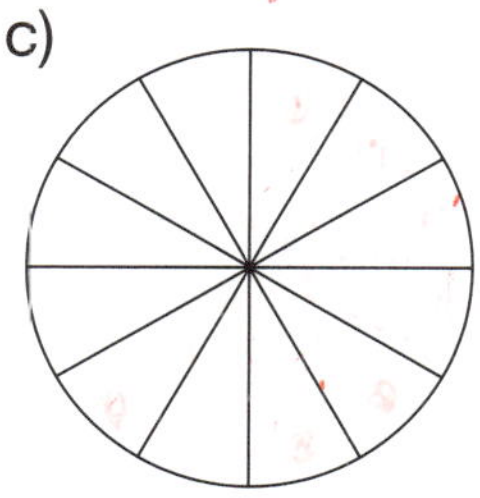 $\frac{7}{12}$ ____

d) $\frac{1}{3}$ ____ 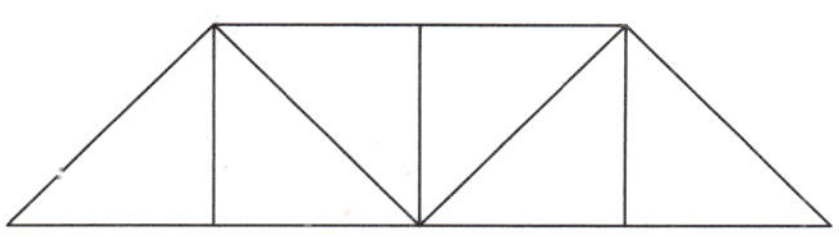

e) 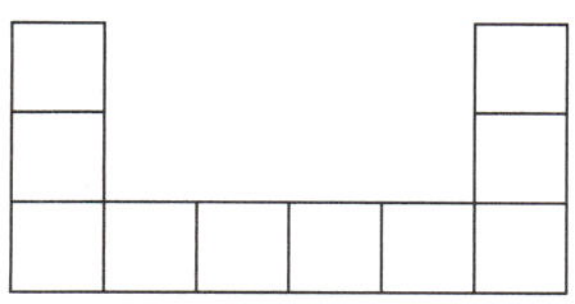 $\frac{3}{10}$ ____

f) 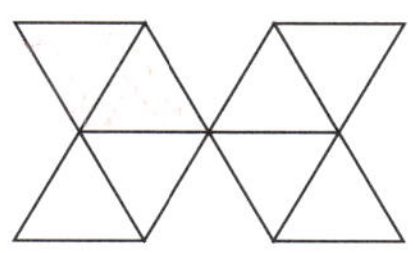 $\frac{1}{4}$ ____

Bruchteile herstellen

1 Welcher Bruchteil der Figuren ist rot, grau oder weiß gefärbt?

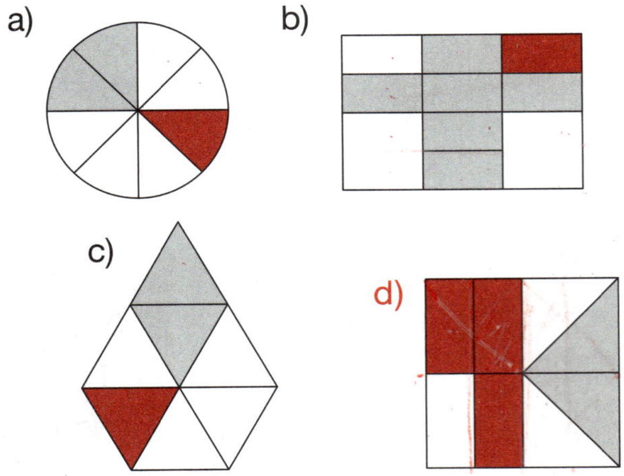

	rot	grau	weiß
a)			
b)			
c)			
d)			

2 Trage den angegebenen Bruchteil in das Ganze ein und färbe ihn.

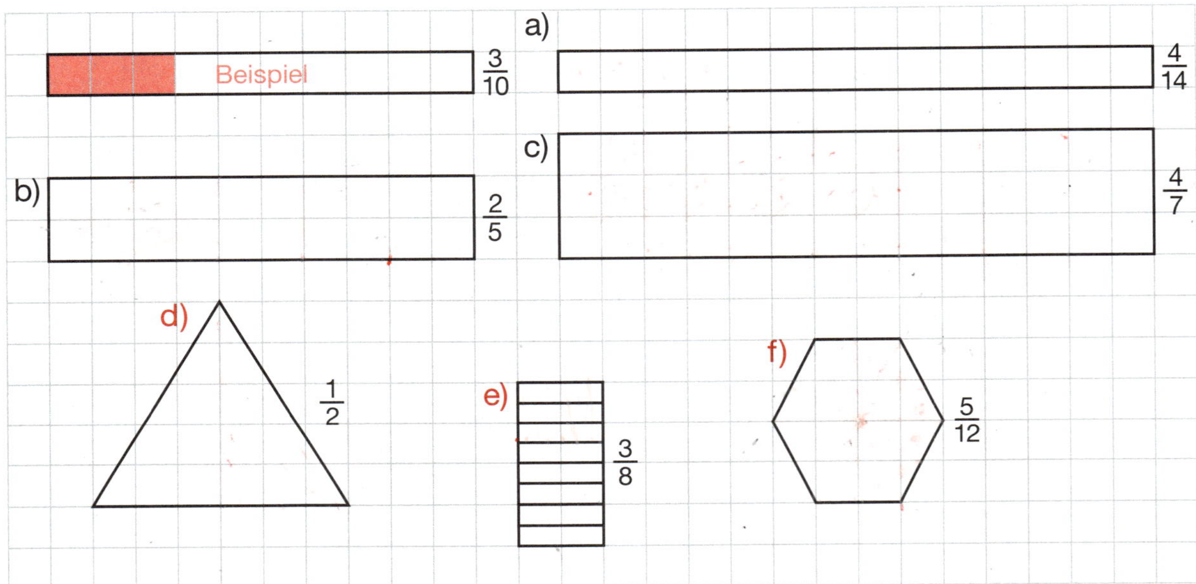

3 Du siehst nur einen Bruchteil. Wie groß war das Ganze? Ergänze.

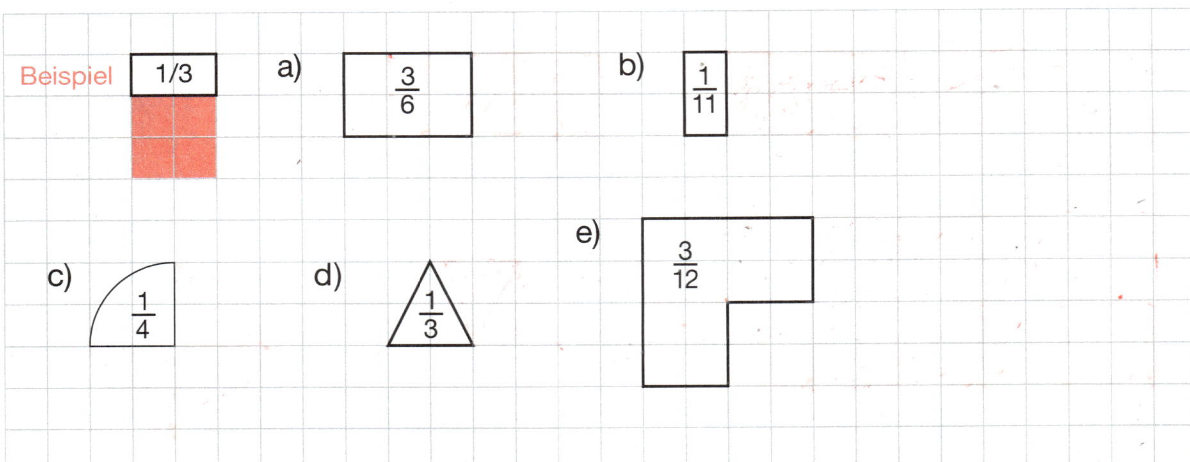

Bruchteile bestimmen

1

Die Jugendgruppe der Gemeinde Neuendorf wandert. Welcher Bruchteil der Gruppe

a) trägt eine Mütze? ________
b) hört Walkman? ________
c) trägt kurze Hosen? ________
d) lächelt? ________
e) hat einen Rucksack dabei? ________
f) hat rote Haare? ________

2 Gib den Bruchteil an.

a) Im Klassenzimmer sind 3 von 5 Fenstern geöffnet. ____
b) Die Lektüre der 6a hat 90 Seiten. 15 Seiten sind erst gelesen. ____
c) Von den 25 Schülern der Klasse 6c spielen 10 in der Pause Tischtennis. ____
d) 80 von 240 Schülern essen in der Pause ein Wurstbrot. ____

3 Färbe jeweils den angegebenen Bruchteil der Kugeln an.
Welcher Bruchteil bleibt weiß?

Beispiel $\frac{3}{10}$ $\frac{7}{10}$

a)

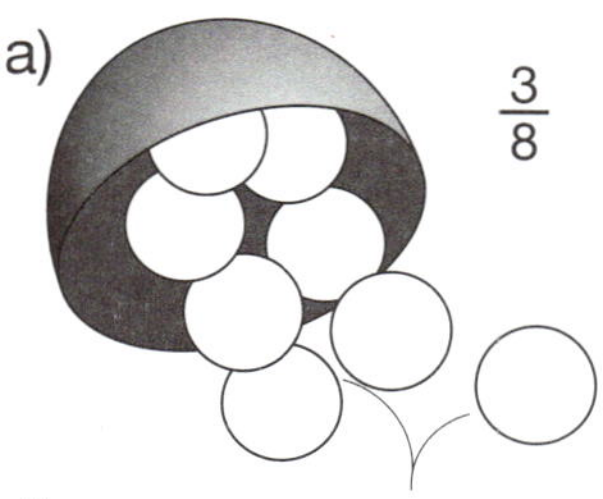

$\frac{3}{8}$ ____

b)

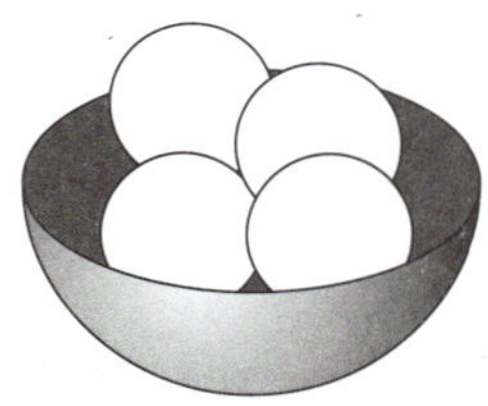

$\frac{1}{2}$ ____

c)

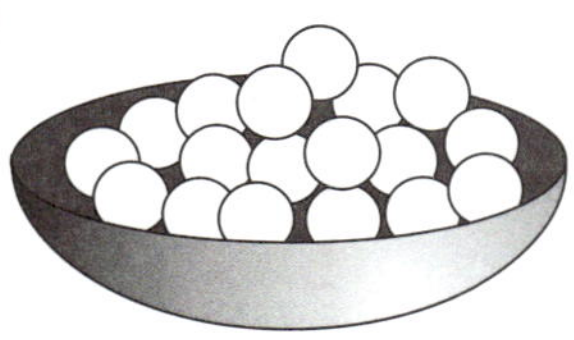

$\frac{2}{3}$ ____

d)

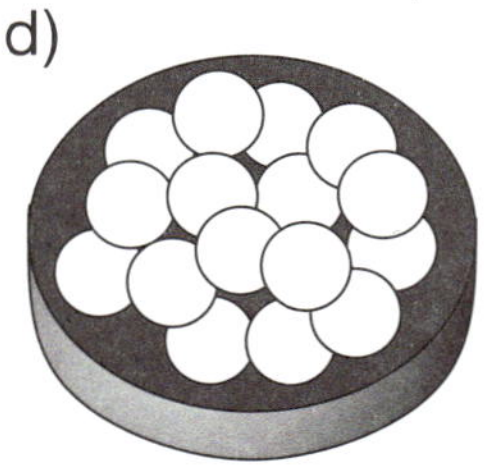

$\frac{3}{4}$ ____

e)

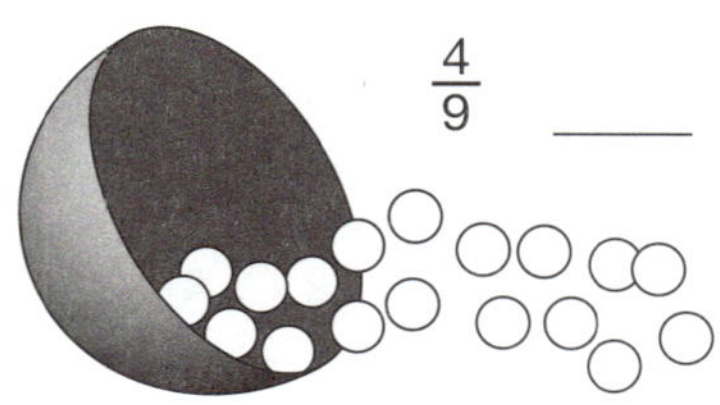

$\frac{4}{9}$ ____

4 Zeichne die gesamte Anzahl der Kreuze. Drei Viertel aller Kreuze sind gezeichnet.

Beispiel: XXXXXX**XX**

a) XXX

b) XXXXXXXXX

c) XXXXXXXXXXX
XXXXX

d) XXXXXX
XXXXXX

e) XXXXXXXXX
XXXXXXXXX

Bruchteile von Größen

1 Berechne den Bruchteil wie im Beispiel.

$\frac{2}{3}$ von 6 kg = 6 kg $\xrightarrow{:3}$ 2 kg $\xrightarrow{\cdot 2}$ 4 kg

a) $\frac{3}{4}$ von 36 t ______

b) $\frac{5}{16}$ von 48 g ______

c) $\frac{3}{20}$ von 80 € ______

d) $\frac{5}{8}$ von 72 € ______

e) $\frac{3}{4}$ von 2000 *l* ______

2 Notiere nur das Ergebnis.

a) $\frac{1}{6}$ von 24 kg ______ b) $\frac{2}{3}$ von 6 cm ______ c) $\frac{1}{6}$ von 30 min ______

$\frac{1}{9}$ von 81 kg ______ $\frac{3}{4}$ von 12 cm ______ $\frac{2}{5}$ von 30 min ______

$\frac{1}{4}$ von 48 kg ______ $\frac{3}{8}$ von 32 cm ______ c) $\frac{1}{12}$ von 60 min ______

3 Pauline fotografiert gern. Sie gibt einen 24er Film zum Entwickeln. Auf $\frac{3}{8}$ der Fotos ist ihr Goldhamster zu sehen, $\frac{1}{6}$ der Bilder zeigen ihre Freundin Sabrina, $\frac{9}{24}$ stammen vom Wandertag und $\frac{2}{24}$ sind verwackelt.
Berechne jeweils die Anzahl der Bilder.

4 Schildkröten können 300 Jahre alt werden. Berechne das Höchstalter der anderen Tiere im Vergleich zur Schildkröte.

Erweitern und Kürzen

1 Mit welcher Zahl wurde gekürzt oder erweitert? Arbeite wie im Beispiel.

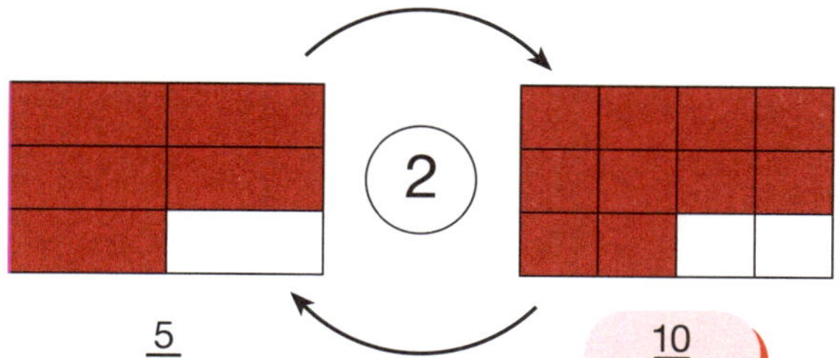

$\frac{5}{6}$ $\frac{10}{12}$

a)

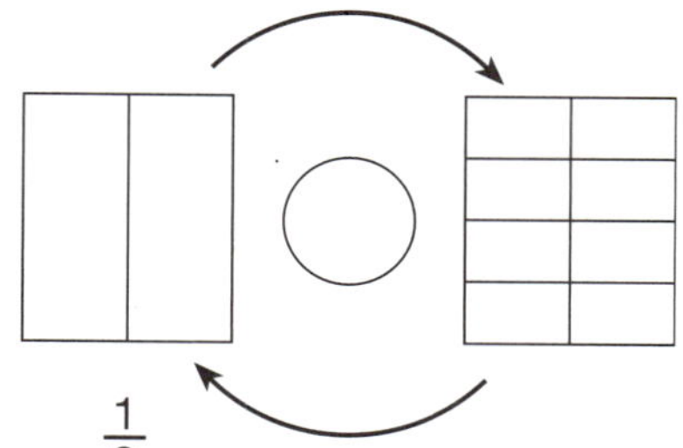

$\frac{1}{2}$ ____

b)

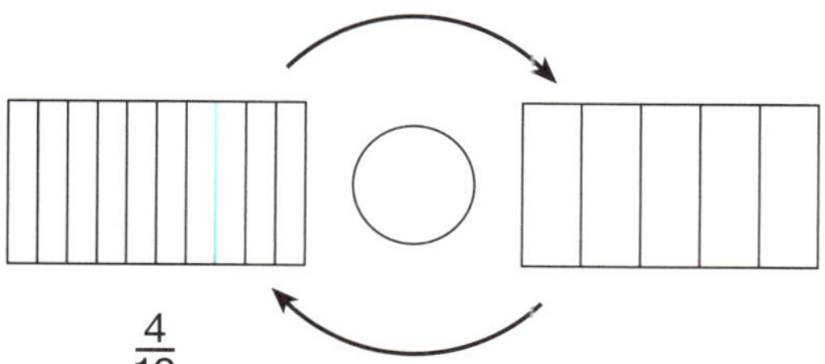

$\frac{4}{10}$ ____

c)

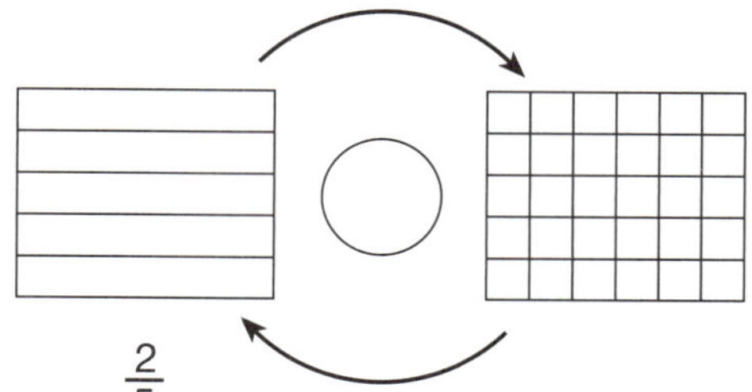

$\frac{2}{5}$ ____

2 Erweitere

a) mit 3: $\frac{2}{7}$ = ____; $\frac{3}{8}$ = ____; $\frac{7}{9}$ = ____; $\frac{10}{11}$ = ____; $\frac{6}{13}$ = ____

b) mit 5: $\frac{2}{9}$ = ____; $\frac{1}{6}$ = ____; $\frac{4}{7}$ = ____; $\frac{9}{10}$ = ____; $\frac{11}{15}$ = ____

Erweitern mit 2: $\frac{5 \cdot 2}{6 \cdot 2} = \frac{10}{12}$

3 Erweitere auf den angegebenen Nenner.

a) $\frac{2}{12} = \frac{\quad}{36}$ b) $\frac{6}{18} = \frac{\quad}{90}$ c) $\frac{4}{9} = \frac{\quad}{63}$ d) $\frac{5}{24} = \frac{\quad}{72}$ e) $\frac{11}{12} = \frac{\quad}{144}$

4 Kürze

a) mit 4: $\frac{8}{20}$ = ____; $\frac{16}{80}$ = ____; $\frac{4}{24}$ = ____; $\frac{40}{48}$ = ____; $\frac{36}{72}$ = ____

b) mit 7: $\frac{21}{28}$ = ____; $\frac{14}{35}$ = ____; $\frac{49}{56}$ = ____; $\frac{7}{77}$ = ____; $\frac{35}{84}$ = ____

Kürzen mit 2: $\frac{10 : 2}{12 : 2} = \frac{5}{6}$

5 Durch welche Zahlen könnte man kürzen? Gib auch den gekürzten Bruch an.

a)

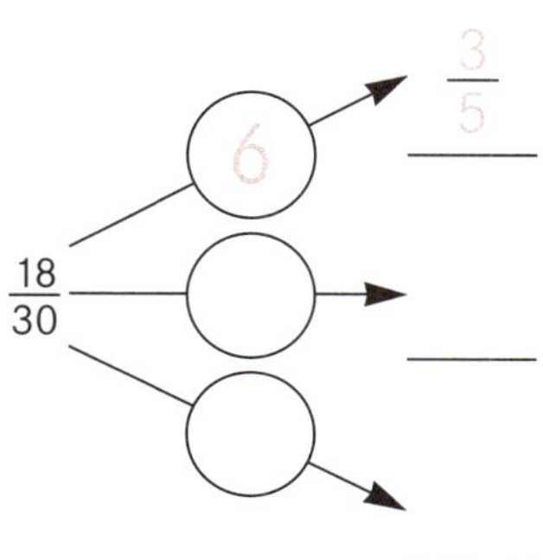

b)

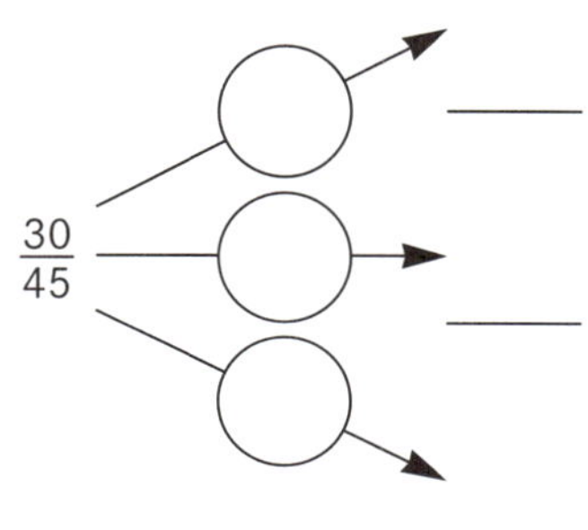

c)

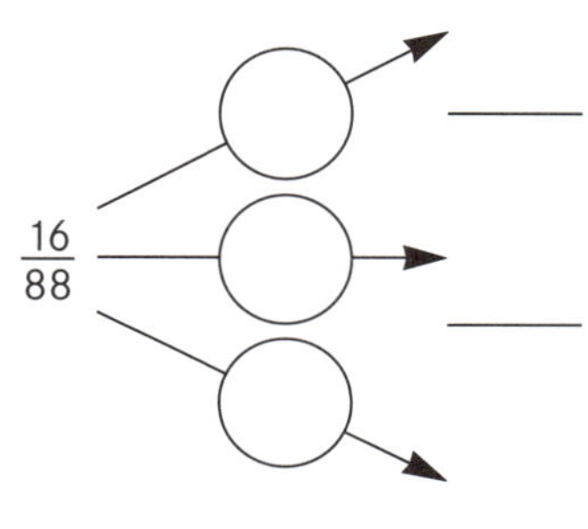

Erweitern und Kürzen

1 Ergänze die Brüche.

a) $\frac{2}{5} = \frac{\square}{15}$ b) $\frac{12}{25} = \frac{\square}{100}$ c) $\frac{24}{30} = \frac{\square}{5}$ d) $\frac{3}{4} = \frac{\square}{28}$

e) $\frac{3}{7} = \frac{21}{\square}$ f) $\frac{3}{18} = \frac{\square}{6}$ g) $\frac{20}{60} = \frac{5}{\square}$ h) $\frac{52}{169} = \frac{\square}{13}$

2 Kürze immer weiter mit der im Kreis angegebenen Zahl.

a) $\frac{1050}{1680}$ — (2) — ☐ — (5) — ☐ — (3) — ☐ — (7) — $\frac{5}{8}$

b) $\frac{25\,200}{42\,000}$ — (20) — ☐ — (7) — ☐ — (10) — ☐ — (6) — $\frac{3}{5}$

3 Kürze so weit wie möglich.

a) $\frac{36}{48}$ = ____________ b) $\frac{14}{84}$ = ____________ c) $\frac{100}{175}$ = ____________

4 Welcher Bruch hat einen anderen Wert als die übrigen vier? Streiche ihn weg.

a) $\frac{6}{24}$ $\frac{3}{12}$ $\frac{1}{4}$ $\frac{3}{10}$ $\frac{12}{48}$

b) $\frac{3}{15}$ $\frac{1}{5}$ $\frac{9}{45}$ $\frac{27}{135}$ $\frac{3}{35}$

c) $\frac{4}{18}$ $\frac{1}{9}$ $\frac{2}{9}$ $\frac{12}{54}$ $\frac{36}{162}$

5 Vergleiche die Brüche. Setze > oder <.

a) $\frac{4}{6}$ ☐ $\frac{7}{10}$ b) $\frac{3}{8}$ ☐ $\frac{2}{3}$ c) $\frac{3}{4}$ ☐ $\frac{2}{9}$ d) $\frac{7}{8}$ ☐ $\frac{11}{12}$ e) $\frac{3}{10}$ ☐ $\frac{4}{15}$

6 Ordne nach der Größe.

$\frac{6}{8}$; $\frac{2}{18}$; $\frac{3}{6}$; $\frac{7}{6}$; $\frac{1}{18}$; $\frac{2}{3}$; ______________________________

7 Ordne die Brüche am Zahlenstrahl ein.

$\frac{1}{4}$ $\frac{1}{10}$ $\frac{1}{5}$ $\frac{2}{20}$ $\frac{2}{10}$ $\frac{2}{8}$ $\frac{2}{4}$ $\frac{12}{10}$ $\frac{1}{2}$ $\frac{6}{5}$

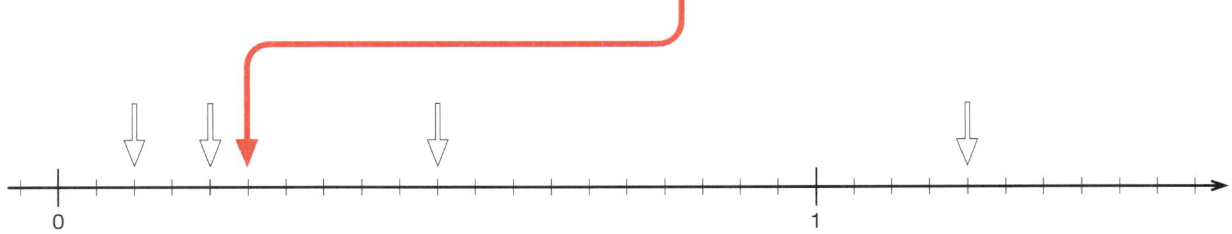

Gemischte Zahl und unechter Bruch

1 Schreibe als gemischte Zahl und als unechten Bruch.

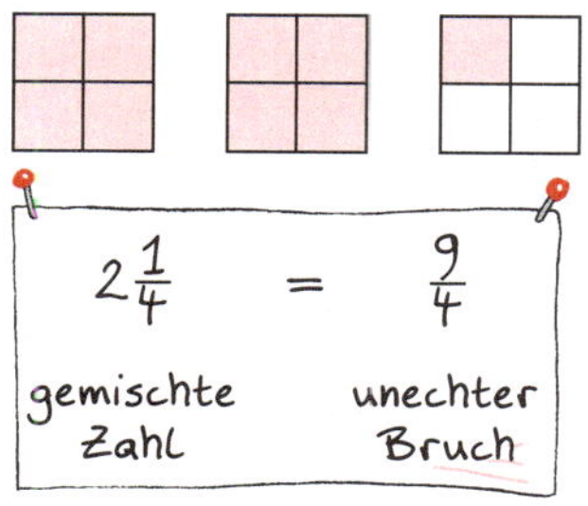

a)

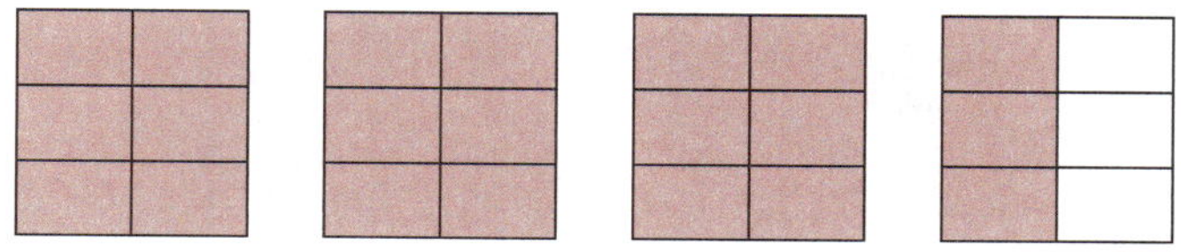

____ = ____

b)

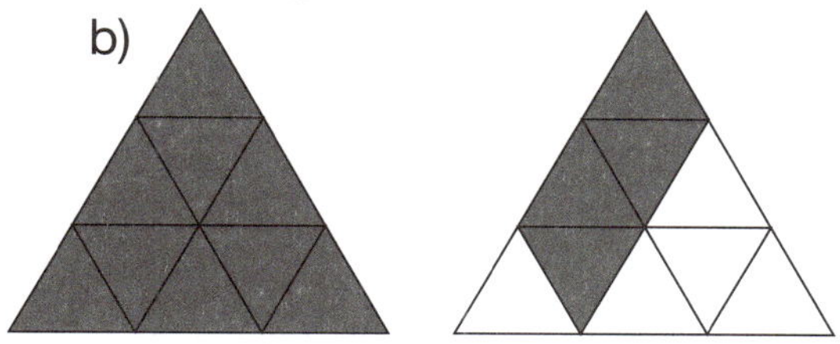

____ = ____

c)

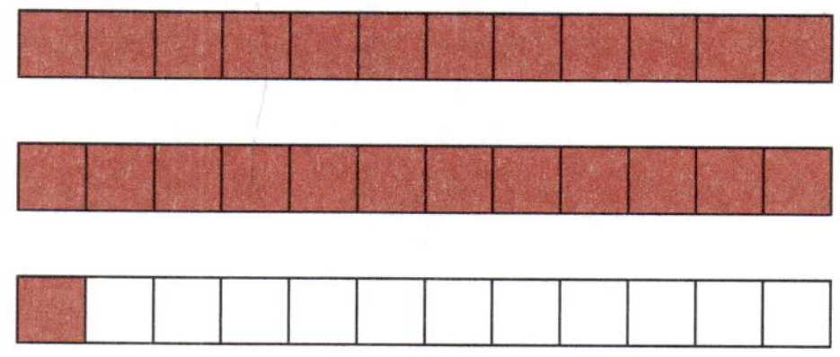

____ = ____

2 Färbe und schreibe den unechten Bruch als gemischte Zahl.

a)

$\frac{17}{5}$ = ____

b)

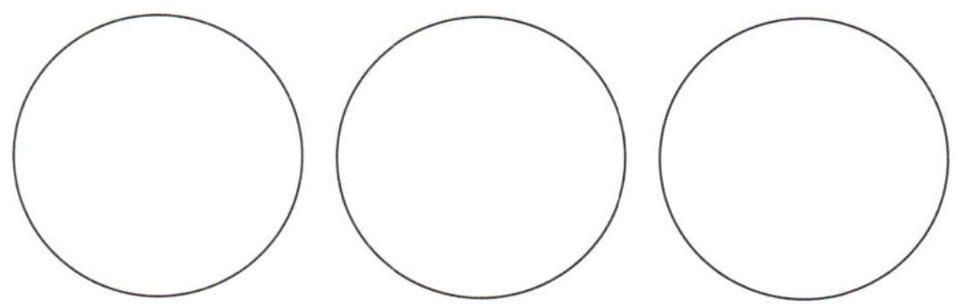

$\frac{9}{4}$ = ____

c)

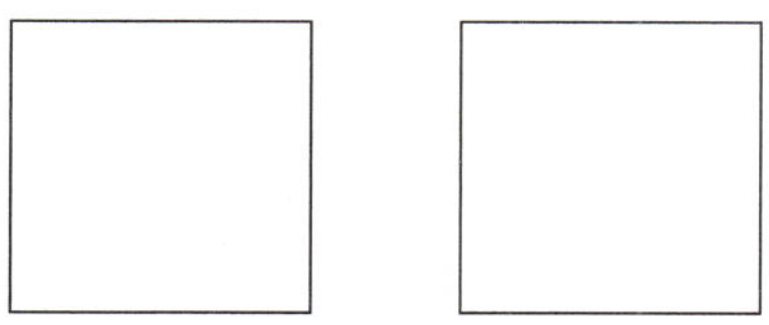

$\frac{15}{8}$ = ____

d)

$\frac{9}{2}$ = ____

3 Schreibe als unechten Bruch.

a) $4\frac{4}{7}$ = ____ b) $5\frac{5}{9}$ = ____ c) $2\frac{13}{17}$ = ____ d) $3\frac{4}{21}$ = ____

4 Schreibe als gemischte Zahl.

a) $\frac{13}{8}$ = ____ b) $\frac{34}{9}$ = ____ c) $\frac{53}{10}$ = ____ d) $\frac{23}{15}$ = ____ e) $\frac{65}{12}$ = ____

5 Schreibe die ganzen Zahlen als unechte Brüche mit dem vorgegebenen Nenner.

$2 = \frac{6}{3}$

a) $5 = \frac{\quad}{4}$ b) $8 = \frac{\quad}{2}$ c) $4 = \frac{\quad}{11}$ d) $9 = \frac{\quad}{7}$ e) $10 = \frac{\quad}{14}$

Gleichnamige Brüche addieren und subtrahieren

1 Färbe die vorgegebenen Additionsaufgaben wie im Beispiel und berechne.

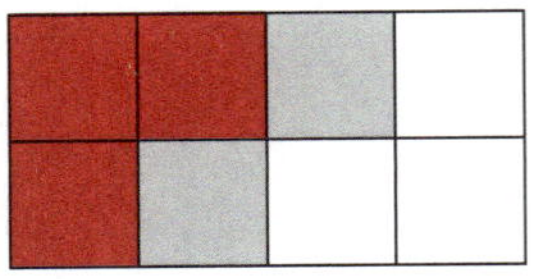

$\frac{3}{8} + \frac{2}{8} = \frac{5}{8}$

a)

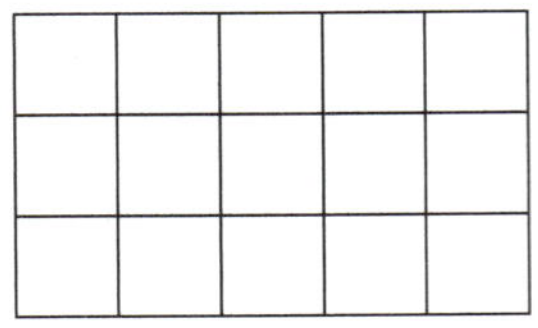

$\frac{8}{15} + \frac{5}{15} =$ ____

b)

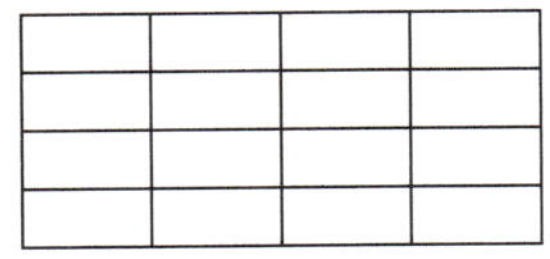

$\frac{5}{16} + \frac{3}{16} =$ ____

c)

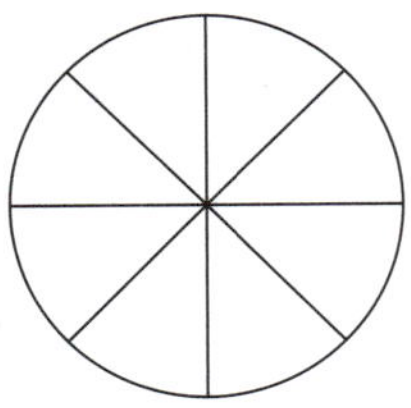

$\frac{4}{} + \frac{2}{} =$ ____

d)

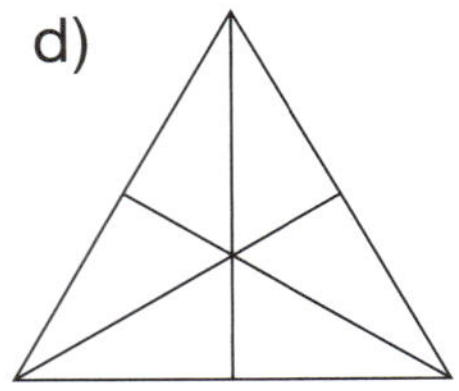

$\frac{2}{} + \frac{2}{} =$ ____

e)

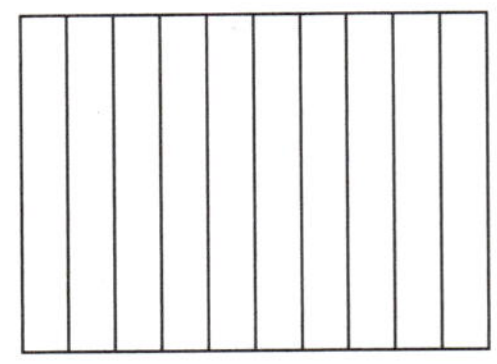

$\frac{3}{} + \frac{6}{} =$ ____

2 Berechne und gib das Ergebnis als gemischte Zahl an.

a) $\frac{4}{5} + \frac{2}{5} =$ ____________ b) $\frac{5}{9} + \frac{7}{9} =$ ____________ c) $\frac{3}{16} + \frac{15}{16} =$ ____________

d) $4\frac{7}{12} + 1\frac{7}{12} =$ ____________ e) $3\frac{5}{8} + \frac{7}{8} =$ ____________ f) $4\frac{4}{19} + 2\frac{6}{19} =$ ____________

3 Schreibe die zugehörigen Subtraktionsaufgaben wie im Beispiel und berechne.

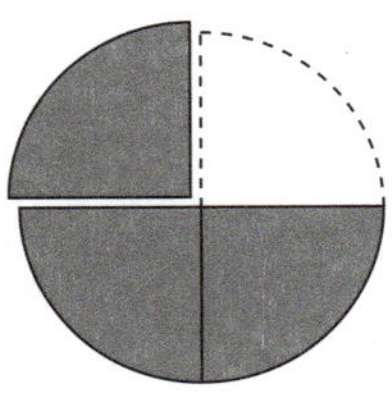

$\frac{3}{4} - \frac{1}{4} = \frac{2}{4} = \frac{1}{2}$

a)

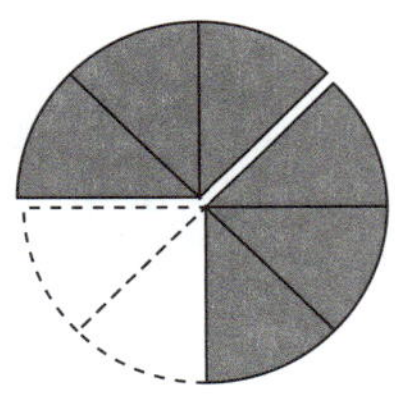

____

b)

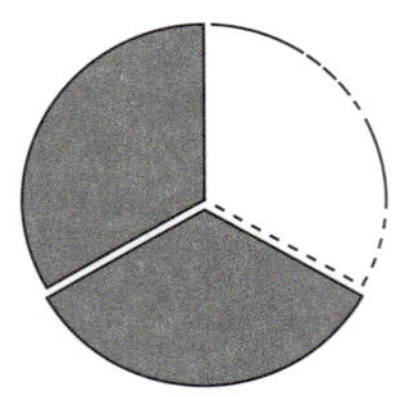

____

c)

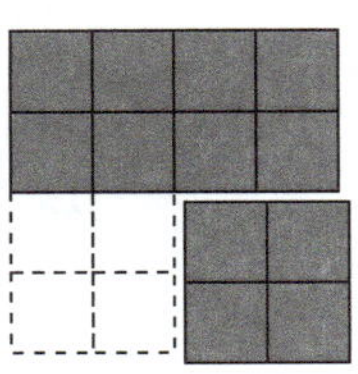

____

d)

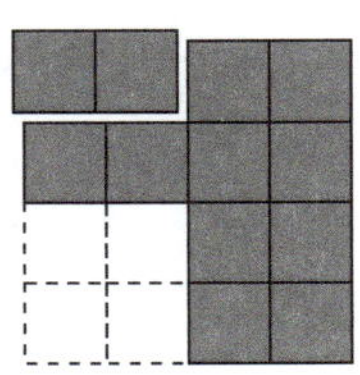

____

e)

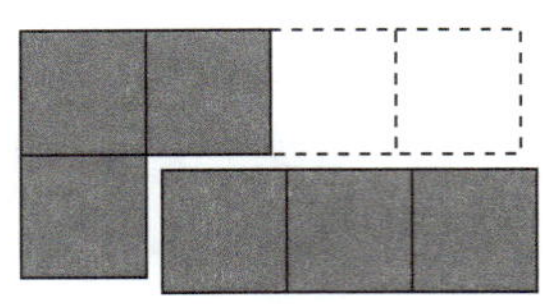

____

4 Berechne.

a) $\frac{6}{7} - \frac{3}{7} =$ ____________ b) $\frac{8}{13} - \frac{5}{13} =$ ____________ c) $\frac{8}{11} - \frac{4}{11} =$ ____________

Ungleichnamige Brüche addieren und subtrahieren

1 Zeichne und löse die Additionsaufgaben wie im Beispiel.

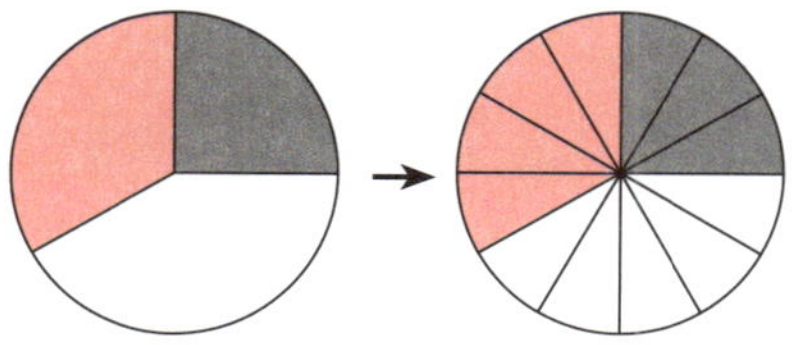

$\frac{1}{3} + \frac{1}{4} = \frac{4}{12} + \frac{3}{12} = \frac{7}{12}$

a)

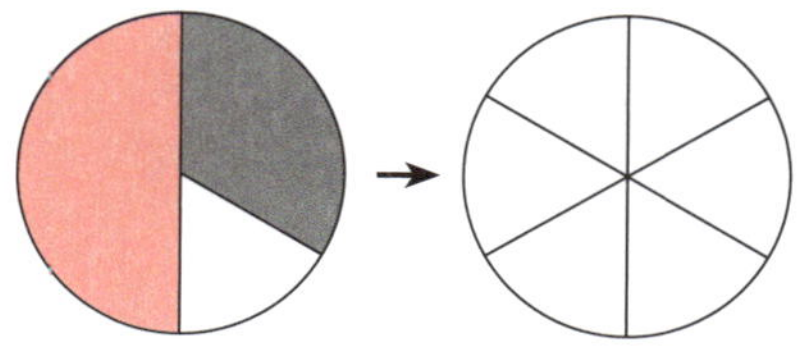

$\frac{1}{2} + \frac{1}{3} = \frac{}{6} + \frac{}{6} = \frac{}{6}$

b)

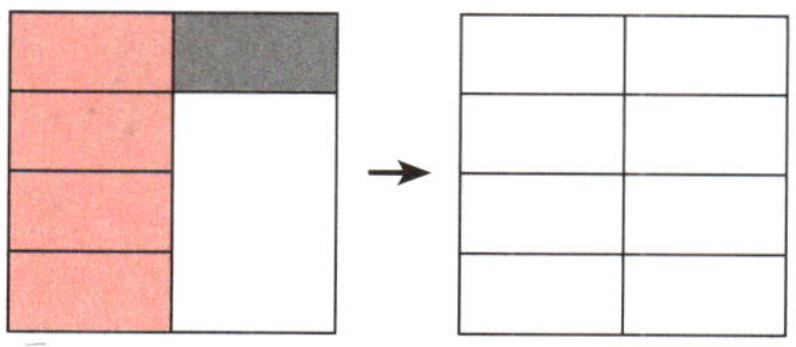

$\frac{1}{2} + \frac{1}{8} =$ ______________

c)

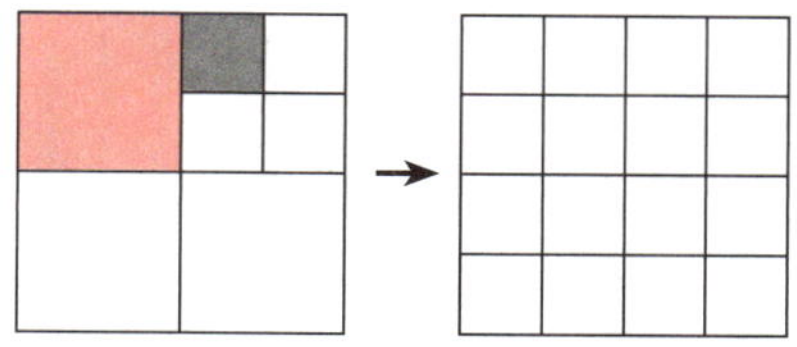

$\frac{1}{4} + \frac{1}{16} =$ ______________

2 a) $\frac{1}{3} + \frac{3}{7} =$ ______________ b) $\frac{2}{9} + \frac{2}{3} =$ ______________ c) $\frac{4}{5} + \frac{1}{2} =$ ______________

d) $\frac{3}{4} - \frac{3}{10} =$ ______________ e) $\frac{11}{12} - \frac{1}{3} =$ ______________ f) $\frac{7}{6} - \frac{3}{8} =$ ______________

3 Berechne und gib das Ergebnis als gemischte Zahl an.

a)
$\frac{2}{5} + \frac{3}{10}$
$\frac{4}{9} + \frac{1}{36}$
$\frac{9}{11} + \frac{1}{33}$

b)
$3\frac{1}{4} + 2\frac{3}{8}$
$13\frac{1}{6} + 6\frac{1}{4}$
$7\frac{4}{15} + 5\frac{1}{2}$

c)
$\frac{3}{16} - \frac{1}{8}$
$\frac{3}{5} - \frac{4}{25}$
$\frac{4}{9} - \frac{1}{12}$

d)
$4\frac{3}{24} - 2\frac{1}{12}$
$5\frac{6}{7} - 3\frac{2}{5}$
$2\frac{1}{9} - \frac{9}{21}$

4 Rechne immer mit dem Ergebnis weiter.

$\frac{3}{5}$ → $+\frac{3}{10}$ → ☐ → $-\frac{1}{2}$ → ☐ → $+\frac{3}{6}$ → ☐ → $+\frac{3}{30}$ → 1

5 Auf dem Lastwagen werden $3\frac{1}{4}$ t Kartoffeln geladen, auf dem Anhänger $2\frac{4}{5}$ t.
Wie schwer ist die gesamte Ladung?

____

6 Im Getreidesilo lagern $12\frac{3}{4}$ t Weizen. Es werden $6\frac{5}{6}$ t verkauft. Wie viel t sind noch im Silo?

____

Brüche vervielfachen und teilen

Bruch mal ganze Zahl

$\frac{5}{6} \cdot 4 = \frac{5 \cdot \not{4}^2}{\not{6}_3} = \frac{10}{3} = 3\frac{1}{3}$

1 Berechne. Kürze, wenn möglich.

a)

$\frac{2}{5} \cdot 3 = \frac{2 \cdot 3}{5 \cdot 1} = \frac{6}{5} = 1\frac{1}{5}$

$\frac{7}{10} \cdot 5 = \frac{7 \cdot 5^1}{10_2 \cdot 1} = \frac{7}{2} = 3\frac{1}{2}$

$7 \cdot \frac{3}{8} = \frac{7 \cdot 3}{1 \cdot 8} = \frac{21}{8} = 2\frac{5}{8}$

$4 \cdot \frac{5}{12} = \frac{4^1 \cdot 5}{1 \cdot 12_3} = \frac{5}{3} = 1\frac{2}{3}$

b)

$\frac{2}{3} \cdot 9 = \frac{2 \cdot 9^3}{3_1 \cdot 1} = \frac{6}{1} = 6$

$\frac{4}{5} \cdot 15 = \frac{4 \cdot 15^3}{5_1 \cdot 1} = \frac{12}{1} = 12$

$3 \cdot \frac{8}{9} = \frac{3^1 \cdot 8}{1 \cdot 9_3} = \frac{8}{3} = 2\frac{2}{3}$

$5 \cdot \frac{6}{15} = \frac{5 \cdot 6^2}{1 \cdot 15} = \frac{2}{1}$ [illegible]

c)

$\frac{3}{10} \cdot 15 = \frac{3 \cdot 15^3}{10_2 \cdot 1} = \frac{9}{2} = 4\frac{1}{2}$

$\frac{5}{8} \cdot 12 = \frac{5 \cdot 12^3}{8_2 \cdot 1} = \frac{15}{2} = 7\frac{1}{2}$

$9 \cdot \frac{1}{6} = \frac{9^3 \cdot 1}{1 \cdot 6_2} = \frac{3}{2} = 1\frac{1}{2}$

$14 \cdot \frac{5}{12} = \frac{14^7 \cdot 5}{1 \cdot 12_6} = \frac{35}{6} = 5\frac{5}{6}$

Bruch durch ganze Zahl

$\frac{4}{5} : 2 =$ ________ $\frac{4}{5} : 3 =$ ________

$\frac{4}{5} : 2 = \frac{2}{5}$

$\frac{4}{5} = \frac{12}{15}$; $\frac{12}{15} : 3 = \frac{4}{15}$

2

a)	b)	c)
$\frac{2}{3} : 2 =$ ________	$\frac{3}{5} : 4 =$ ________	$\frac{12}{3} : 8 =$ ________
$\frac{6}{7} : 3 =$ ________	$\frac{4}{7} : 3 =$ ________	$\frac{21}{7} : 10 =$ ________
$\frac{8}{9} : 4 =$ ________	$\frac{5}{8} : 4 =$ ________	$\frac{18}{4} : 2 =$ ________
$\frac{14}{15} : 7 =$ ________	$\frac{7}{9} : 5 =$ ________	$\frac{24}{9} : 6 =$ ________

3

a)	b)	c)
$\frac{5}{8}$ kg : 2 = ________	$\frac{1}{2}$ h : 2 = ________	$\frac{7}{10}$ $l \cdot 15$ = ________
$\frac{9}{10}$ kg : 4 = ________	$\frac{3}{4}$ h : 5 = ________	$\frac{3}{4}$ $l \cdot 28$ = ________
$\frac{3}{5}$ kg : 6 = ________	$\frac{5}{12}$ h : 10 = ________	$12 \cdot \frac{2}{3}$ l = ________

Brüche multiplizieren und dividieren

Brüche multiplizieren

$\frac{4}{9} \cdot \frac{3}{8} = \frac{{}^1\not{4} \cdot \not{3}^1}{{}_3\not{9} \cdot \not{8}_2} = \frac{1 \cdot 1}{3 \cdot 2} = \frac{1}{6}$

$\frac{\text{Zähler} \cdot \text{Zähler}}{\text{Nenner} \cdot \text{Nenner}}$

1

a) $\frac{5}{4} \cdot \frac{2}{15} =$ ______ b) $\frac{9}{24} \cdot \frac{16}{21} =$ ______

c) $\frac{7}{6} \cdot \frac{9}{10} =$ ______ d) $\frac{14}{9} \cdot \frac{12}{7} =$ ______

e) $\frac{18}{35} \cdot \frac{7}{9} =$ ______ f) $\frac{3}{16} \cdot \frac{4}{21} =$ ______

$4 = \frac{4}{1}$

2

a) $\frac{9}{16} \cdot 2 =$ ______ b) $\frac{5}{18} \cdot 4 =$ ______

c) $6 \cdot \frac{3}{8} =$ ______ d) $8 \cdot \frac{5}{6} =$ ______ e) $9 \cdot \frac{7}{15} =$ ______

f) $7 \cdot \frac{16}{35} =$ ______ g) $27 \cdot \frac{2}{9} =$ ______ h) $\frac{13}{14} \cdot 6 =$ ______

Durch einen Bruch dividieren

Kehrwert

$\frac{3}{4} : \frac{5}{6} = \frac{3}{4} \cdot \frac{6}{5} = \frac{3 \cdot \not{6}^3}{{}_2\not{4} \cdot 5} = \frac{9}{10}$

Multipliziere mit dem Kehrwert.

3

a) $\frac{2}{3} : \frac{4}{3} =$ ______ b) $\frac{10}{9} : \frac{4}{15} =$ ______

$\frac{21}{8} : \frac{9}{10} =$ ______ $\frac{25}{42} : \frac{5}{18} =$ ______

$\frac{24}{25} : \frac{14}{15} =$ ______ $\frac{33}{4} : \frac{22}{16} =$ ______

$8 = \frac{8}{1}$ Kehrwert: $\frac{1}{8}$

4

a) $\frac{16}{3} : 8 =$ ______ b) $\frac{21}{5} : 12 =$ ______

c) $25 : \frac{5}{4} =$ ______ d) $42 : \frac{2}{3} =$ ______

5 Berechne. Kürze, wenn möglich.

$2\frac{1}{12} \cdot 4\frac{1}{5} = \frac{25}{12} \cdot \frac{21}{5} = \frac{{}^5\not{25} \cdot \not{21}^7}{{}_4\not{12} \cdot \not{5}_1} = \frac{35}{4} = 8\frac{3}{4}$

a)

$\frac{81}{64} \cdot \frac{16}{27} =$ $\frac{3}{4}$

$\frac{18}{45} \cdot \frac{25}{39} =$ $\frac{5}{9}$

$\frac{75}{52} \cdot \frac{26}{25} =$ $\frac{3}{2}$

$5\frac{5}{6} \cdot 2\frac{6}{7} =$ $\frac{35 \cdot 20}{6 \cdot 7} = \frac{100}{6} = \frac{50}{3} = 16\frac{2}{3}$

$4\frac{4}{5} \cdot 3\frac{3}{4} =$ ______

b)

$\frac{32}{3} : \frac{40}{9} =$ ______

$\frac{17}{6} : \frac{34}{24} =$ ______

$\frac{44}{5} : \frac{11}{45} =$ ______

$6\frac{1}{9} : 3\frac{2}{3} =$ ______

$9\frac{1}{5} : 4\frac{2}{11} =$ ______

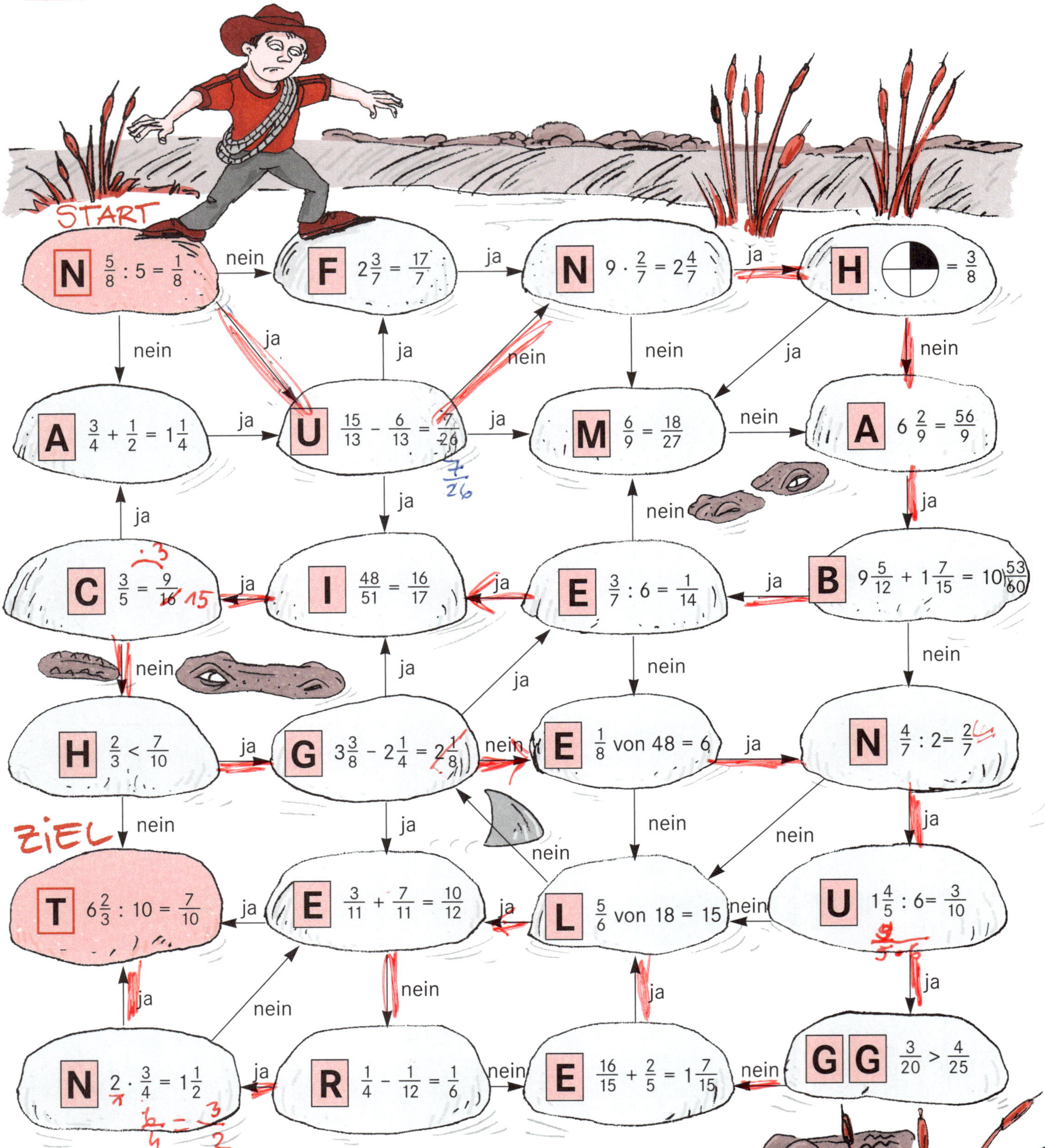

Lösungssatz:

N U __   _ _ _ _ _ _   _ _ _ _   _ _ _ _ _ _ _

_ _ _ _ _ _ _ _ _ _ _ !

Brüche und Dezimalbrüche

1 Belade die Lkws mit wertgleichen Brüchen.

2 Schreibe als Dezimalbruch.

a) $\frac{9}{10}$ = ______ $\frac{73}{10}$ = ______ $5\frac{3}{10}$ = ______ $\frac{927}{10}$ = ______ $\frac{7}{100}$ = ______ $\frac{87}{100}$ = ______

b) $\frac{169}{100}$ = ______ $2\frac{37}{100}$ = ______ $\frac{9}{1000}$ = ______ $\frac{471}{1000}$ = ______ $\frac{8327}{1000}$ = ______ $13\frac{37}{1000}$ = ______

3 Erweitere auf einen Nenner mit 10, 100, 1000 und schreibe als Dezimalbruch.

$\frac{5}{8} = \frac{625}{1000} = 0{,}625$

a) $\frac{4}{5}$ = ______ $\frac{7}{20}$ = ______ $\frac{13}{20}$ = ______ $\frac{43}{25}$ = ______

b) $\frac{17}{50}$ = ______ $\frac{3}{8}$ = ______ $\frac{151}{200}$ = ______ $\frac{12}{500}$ = ______

4 Schreibe die Größen in der jeweils angegebenen Einheit.

a) 3 m 5 cm = ______ m 8 m 7 dm 9 cm = ______ m 48 cm 9 mm = ______ dm

b) 0,875 km = ______ m 15 km 80 m = ______ km 37 670 m = ______ km

c) 2 m^2 4 dm^2 = ______ m^2 79 dm^2 3 cm^2 = ______ m^2 33 cm^2 45 mm^2 = ______ cm^2

d) 7862 *l* = ______ hl 21 hl 15 *l* = ______ hl 12 hl 3 *l* = ______ hl

e) 57 850 kg = ______ t 6 t 55 kg = ______ kg 4 t 9 kg = ______ t

Dezimalbrüche addieren und subtrahieren

1

a)	b)	c)	d)
0,2 + 1,3 = ____	8 − 5,6 = ____	8,75 + 0,06 = ____	7,79 − 6,7 = ____
3,5 + 0,4 = ____	9 − 7,3 = ____	3,02 + 5,83 = ____	6,95 − 4,5 = ____
8,3 + 2,6 = ____	6 − 2,7 = ____	2,13 + 4,75 = ____	9,89 − 8,78 = ____

2

a)
```
    6071,561
  +   70,09
  +  356,2
```

b)
```
    736,18
  +  87
  + 803,09
```

c)
```
   73,456
  +  8,2
  + 57,93
```

3

a)
```
    77,05
  -  6,095
```

b)
```
    903,7
  - 789,075
```

c)
```
    34,368
  -  9,97
```

d)
```
    9765
  -  298,278
```

4 Schreibe richtig untereinander und rechne.

a) 0,45 + 18 + 89,125 b) 86,49 + 5 + 0,945 c) 12,9 − 6,875 d) 96,567 − 6,89

5 Auf Emines, Heikes und Svens Kassenzettel fielen Regentropfen. Ergänze.

Säfte	□,99 €
Gemüse	6,□3 €
Eier	1,1□ €
Summe	11,59 €
Bar	20,00 €
Rückgeld	□□□□ €

Brot	1,85 €
Wurst	7,□4 €
Käse	□,79 €
Summe	17,8□ €
Bar	□□□□ €
Rückgeld	32,12 €

Kalbfleisch	1□,99 €
Kaffee	5,8□ €
Nudeln	3,51 €
Summe	□3,□2 €
Bar	25,00 €
Rückgeld	□□□□ €

Dezimalbrüche multiplizieren

1

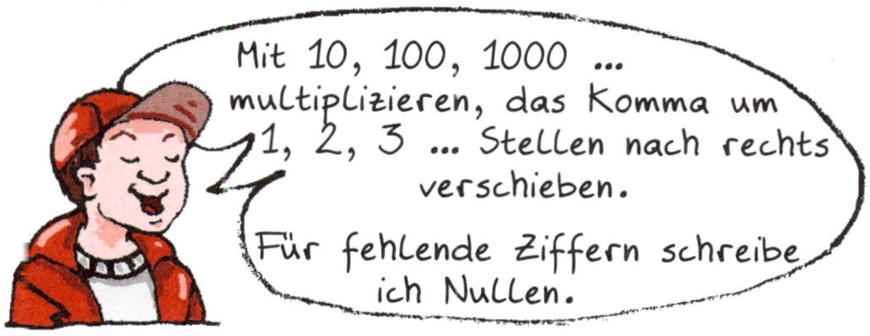

a) 0,35 · 10 = ______
0,75 · 100 = ______
0,003 · 100 = ______
100 · 9,4 = ______

b) 6,17 · 10 = ______
5,4 · 1000 = ______
3,08 · 1000 = ______
1000 · 0,209 = ______

2 Rechne im Kopf.

a) 1,2 · 20 = ____ 2,8 · 50 = ____ 0,25 · 30 = ____ 0,07 · 90 = ____ 0,12 · 40 = ____

b) 200 · 0,75 = ____ 500 · 0,41 = ____ 400 · 0,025 = ____ 800 · 0,007 = ____

3 Rechne im Kopf. 0,4 · 0,3 = ☐ 4 · 3 = 12 2 Stellen nach dem Komma: 0,4 · 0,3 = 0,12

a) 0,7 · 0,4 = ____
0,9 · 0,8 = ____

b) 0,09 · 0,2 = ____
0,3 · 0,05 = ____

c) 1,3 · 0,6 = ____
0,08 · 1,5 = ____

Das Ergebnis hat so viele Stellen nach dem Komma wie beide Zahlen zusammen.

4 Berechne. Achte auf die Anzahl der Stellen nach dem Komma im Ergebnis.

a) 9 1 · 0, 3 4 b) 6 4, 2 · 0, 4 5 c) 1 5, 1 7 · 3, 6 8

5 Wie lang und wie schwer sind die Rollen?

Wert	Dicke in mm	Gewicht in g
1 Cent	1,67	2,30
2 Cent	1,67	3,06
5 Cent	1,67	3,92
10 Cent	1,93	4,10
20 Cent	2,14	5,74
50 Cent	2,38	7,80
1 €	2,33	7,50
2 €	2,20	8,50

6

a) Carsten hat in seiner Geldbörse sieben 1-Cent-Münzen, drei 50-Cent-Münzen und zwei 1-€-Münzen. Die leere Geldbörse wiegt 53 g. Wie viel Geld hat Carsten? Wie schwer ist die Geldbörse mit den Münzen?

b) In Jennys Geldbörse sind sechs 2-Cent-Münzen, neun 10-Cent-Münzen und vier 2-€-Münzen. Die leere Geldbörse wiegt 92 g. Wie viel Geld hat Jenny? Wie schwer ist die Geldbörse mit den Münzen?

Dezimalbrüche dividieren

1

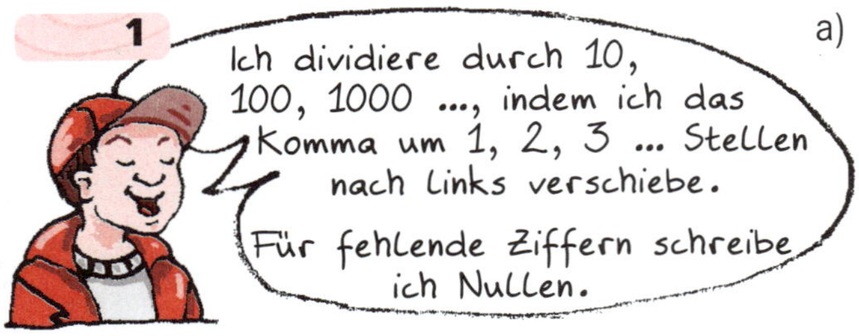

a) 0,8 : 10 = ______
27,7 : 10 = ______
23,9 : 100 = ______

b) 0,44 : 100 = ______
51,3 : 1000 = ______
0,17 : 1000 = ______

2 Rechne im Kopf. 3,68 : 0,4 = 36,8 : 4 = 9,2

a) 45 : 0,5 = ______
0,16 : 0,8 = ______
3,25 : 0,5 = ______
3,06 : 6 = ______

b) 7,2 : 0,09 = ______
6,7 : 0,02 = ______
4,2 : 0,07 = ______
10,8 : 0,12 = ______

3 Berechne. Achte auf das Komma.

a) 0,84 : 0,14 =   b) 6,3 : 3,75 =   c) 9,45 : 1,8 =

4 Nägel und Schrauben werden in größeren Mengen nicht nach Stückzahl, sondern nach Gewicht verkauft. Wie viel Stück sind jeweils in einer Packung? Runde sinnvoll.

4,3 g je Nagel   3,8 g je Drahtstift   1,9 g je Stahlstift   6,2 g je Schraube   5,4 g je Schraube

5 Eine Getränkefabrik füllt im Auftrag eines Getränkegroßhandels ab.

Wie viele Verpackungseinheiten werden jeweils abgefüllt?

Terme mit Platzhaltern

1 Setze für die Platzhalter nacheinander die Zahlen 4, 8 und 16 ein und berechne.

a) x + 9
4 + 9 = 13

b) 3 · a

c) 400 : y

d) □ – 3

e) 4 · x + 10

f) 20 · y – 6

2 Fülle die Tabelle aus.

x	1 · x	2 · x	3 · x + 5	100 : x – 3
0				X
1				
2				
10				
25		2 · 25 = 50		

3 Schreibe einen Rechenausdruck mit Platzhalter auf.

Das 9fache einer Zahl vermindert um 7. 9 · x – 7

a) Das 7fache einer Zahl vermindert um 10. ______

b) Das Doppelte einer Zahl vermehrt um 45. ______

c) Eine Zahl geteilt durch 3 vermehrt um 23.

4 Welche Zahl muss man einsetzen, damit beide Rechenausdrücke dasselbe Ergebnis haben?

3 · x und x + 10 x = 5

a) 2 · x und 4 + x ______ b) 15 – x und x : 2 ______

c) 8 – x und 3 · x ______ d) 5 · y und 4 · y + 4 ______

5 Finde den Rechenausdruck und ergänze.

a)

x	10 · x
2	20
7	70
10	
12	

b)

x	
1	40
2	20
4	10
5	

c)

x	4 · x + ____
2	10
3	14
5	
10	

Gleichungen lösen

1 Löse mit der Umkehraufgabe.

Umkehraufgabe

$x + 9 = 23$

$x \xrightarrow{+9} 23$, zurück: -9

$23 - 9 = 14$

$x = 14$

a) $x + 14 = 34$ b) $x + 21 = 78$ c) $x + 3 = 99$

d) $x + 19 = 45$ e) $x - 2 = 9$ f) $x - 5 = 23$ g) $x - 18 = 37$

2

$x \cdot 5 = 40$

$x \xrightarrow{\cdot 5} 40$, zurück: $:5$

$40 : 5 = 8$

$x = 8$

a) $x \cdot 9 = 27$ b) $x \cdot 7 = 42$ c) $x \cdot 2 = 30$

d) $x \cdot 4 = 48$ e) $x : 7 = 3$ f) $x : 6 = 4$ g) $x : 9 = 9$

3 Schreibe das Zahlenrätsel als Gleichung und bestimme x.

Addiere zu einer Zahl 17. Du erhältst 35.

$x + 17 = 35$ $x = 18$

a) Multipliziere eine Zahl mit 5. Du erhältst 15.

___

b) Subtrahiere von einer Zahl 8. Du erhältst 22.

___

c) Das Produkt einer Zahl mit 3 ergibt 12.

___

Gleichungen lösen

1 Löse wie im Beispiel mit der Umkehraufgabe.

$x \cdot 4 + 6 = 18$

$x \xrightarrow{\cdot 4} \square \xrightarrow{+6} 18$

$3 \xleftarrow{:4} 12 \xleftarrow{-6} 18$

$x = 3$

a) $x \cdot 2 + 9 = 25$

b) $x \cdot 3 - 7 = 56$

c) $8 \cdot x + 10 = 90$

d) $x : 6 + 4 = 11$

e) $x : 5 - 4 = 1$

2 Schreibe das Zahlenrätsel als Gleichung und bestimme x.

Multipliziere eine Zahl mit 8 und addiere 16. Du erhältst 40.

$8 \cdot x + 16 = 40 \qquad x = 3$

a) Multipliziere eine Zahl mit 9 und addiere 8. Du erhältst 80.

____

b) Dividiere eine Zahl durch 3 und subtrahiere 14. Du erhältst 6.

____

c) Dividiere eine Zahl durch 4 und subtrahiere 6. Du erhältst 25.

____

3 HEFT

a) $54 + 2 \cdot x = 66$
$87 + 7 \cdot x = 108$

b) $x : 3 + 36 = 66$
$x : 5 - 6 = 14$

c) $x \cdot 4 + 56 + 7 = 95$
$x \cdot 5 - 13 - 8 = 19$

4 Bestimme das Alter mithilfe der Gleichung.

a)

b)

Häufigkeit und Wahrscheinlichkeit

1 Die Noten für eine Mathematikarbeit in Jahrgangsstufe 6 wurden von den Lehrerinnen und Lehrern in eine Urliste geschrieben:

3 3 4 1 2 5 3 3 3 2 6 2 2 1 3 3 4 3 5 3 1 2 2 4 4 2 5 3 3 2 3 2 1 4 1 2 2 4 2 3 4 3 3 3 6 2 2 1

Ordne die Daten (Noten) mithilfe einer Strichliste und fasse sie anschließend in einer Häufigkeitstabelle zusammen.

relative Häufigkeit = $\frac{\text{absolute Häufigk.}}{\text{Gesamtzahl}}$

Strichliste:

Noten	Häufigkeit
1	
2	
3	
4	
5	
6	

Häufigkeitstabelle:

Noten	Absolute Häufigkeit	Relative Häufigkeit
1		
2		
3		
4		
5		
6		

Stelle die Ergebnisse der Arbeit in einem Säulendiagramm dar.

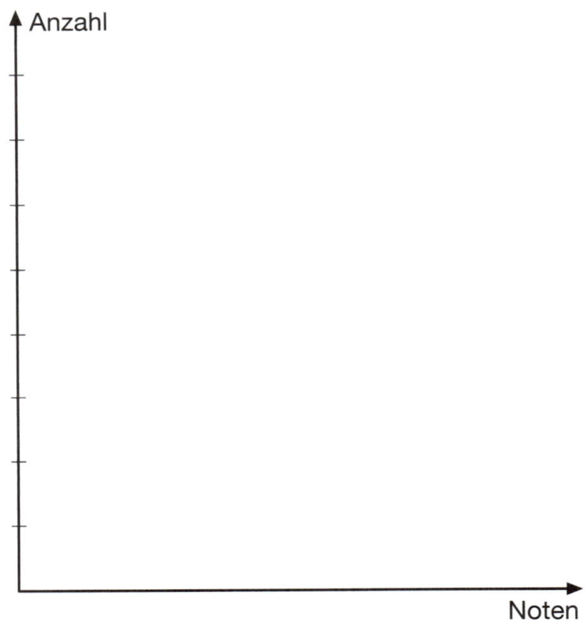

2 Die Ergebnisse einer Umfrage zu den Lieblingssportarten der Klasse 6b sind in einem Balkendiagramm dargestellt.

a) Wie viele Schülerinnen und Schüler haben sich an der Umfrage beteiligt?

b) Lies die absoluten Häufigkeiten aus dem Diagramm ab und trage sie in eine Häufigkeitstabelle ein.

c) Ein Schüler oder eine Schülerin der Klasse werden gefragt, welche Lieblingssportart sie haben. Mit welcher Wahrscheinlichkeit antworten sie Fußball (Tischtennis)?

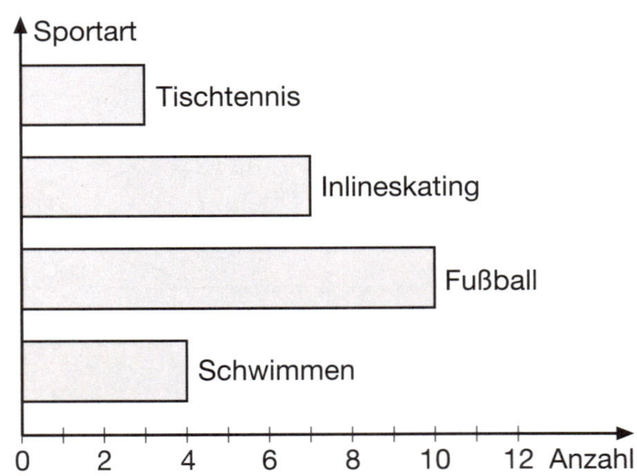

Häufigkeit und Wahrscheinlichkeit

1

Wer hat Recht?
Gib alle Möglichkeiten an, die sich für die Augenzahlen mit zwei Würfeln ergeben. Mit welcher Wahrscheinlichkeit werden die Augenzahlen gewürfelt?

Augenzahl	Möglichkeiten	Wahrscheinlichkeit
2	(1; 1)	
3		
4		
5		
6		
7		
8		
9		
10		
11		
12		

Würfle selbst 100-mal mit zwei Würfeln und notiere die Häufigkeit der gewürfelten Summe der Augenzahlen.

Augenzahl	Strichliste	Absolute Häufigkeit	Relative Häufigkeit
2			
3			
4			
5			
6			
7			
8			
9			
10			
11			
12			

Vergleiche deine Würfelergebnisse mit den vorher bestimmten Wahrscheinlichkeiten.

Was erwartest du für Ergebnisse bei 1000 Würfen?

Zuordnungen

1 Die Deutsche Bahn AG benutzt in ihrem Fahrbetrieb auch grafische Zugfahrpläne.

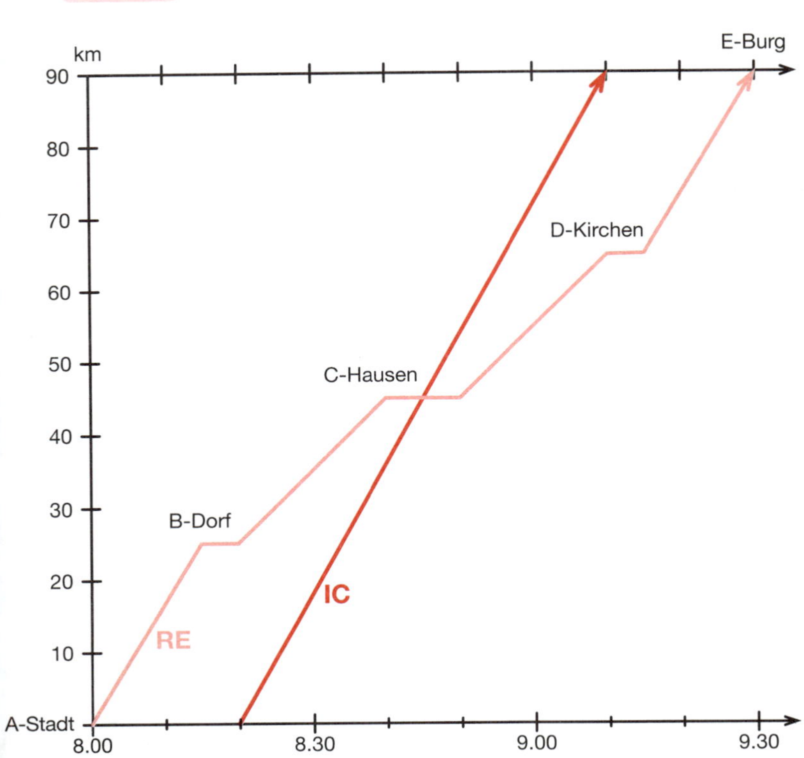

a) Wie oft hält der RE? 3 mal

b) Wann kommt der RE in B-Dorf an?
Wann fährt er weiter?

____

c) Wie weit sind B-Dorf und D-Kirchen voneinander entfernt?

____

d) Wann fährt der IC in A-Stadt ab? Wie lange ist er bis E-Burg unterwegs?

____

e) Wann erreicht der RE C-Hausen? ________

f) Wann fährt der RE in D-Kirchen ab? ______

g) Wann und in welcher Entfernung von A-Stadt überholt der IC den RE? ____________ Uhr

____________ km

2 Björn liegt mit Grippe im Bett und misst regelmäßig Fieber.
Ergänze die fehlenden Werte in der Tabelle und vervollständige die Schaubilder.

12. Februar		13. Februar		14. Februar		15. Februar	
8.00	37,6 °C	8.00	38,7 °C	8.00	39,1 °C	8.00	37,4 °C
		12.00	39,4 °C	12.00	39,6 °C	12.00	38,6 °C
		16.00	40,1 °C	16.00	38,2 °C	16.00	37,2 °C
		20.00	38,2 °C	20.00	38,7 °C	20.00	36,4 °C

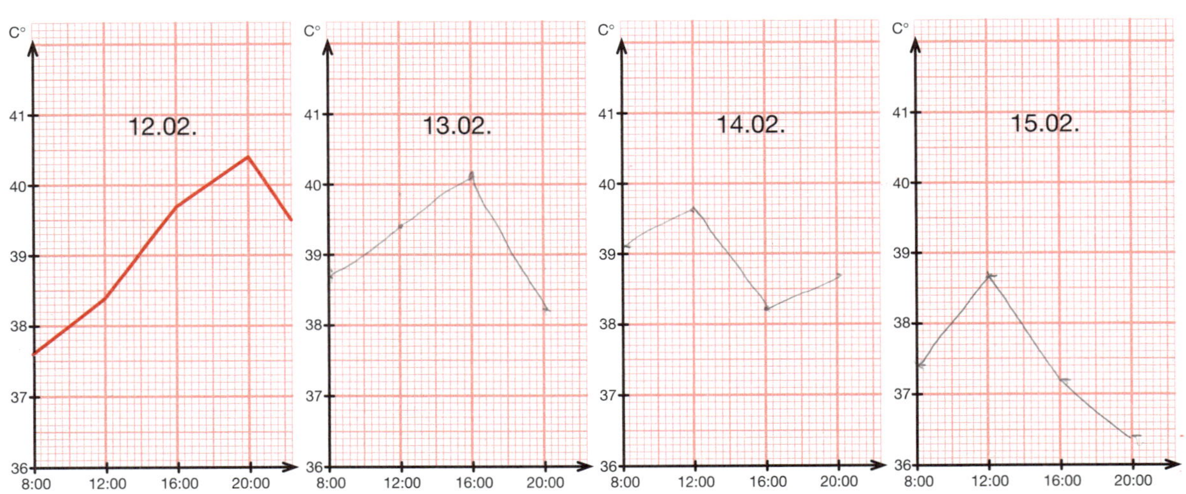

Proportionale Zuordnungen

1 Der Hausmeister Herr Jakobi hat sich für die verschiedenen Waren Tabellen angelegt und auf den Verkaufstisch geklebt. Ergänze die Tabellen.

Brötchen

Anzahl	Preis (€)
1	
2	
3	
4	
5	
6	
7	
8	

Wurstbrötchen

Anzahl	Preis (€)
1	
2	
3	
4	
5	
6	
7	
8	

Orangensaft

Anzahl	Preis (€)
1	
2	
3	
4	
5	
6	
7	
8	

Milchflaschen

Anzahl	Preis (€)
1	
2	
3	
4	
5	
6	
7	
8	

2 Um unnötige Wartezeiten beim Pauseneinkauf zu vermeiden, geben die Klassen Sammelbestellungen ab.

Pauseneinkauf der 6a

Anzahl	Preis (€)
10 Brötchen	
5 Orangensaft	
8 Milchflaschen	
7 Wurstbrötchen	
Summe:	

Pauseneinkauf der 6b

Anzahl	Preis (€)
6 Wurstbrötchen	
7 Milchflaschen	
3 Orangensaft	
6 Brötchen	
Summe:	

Pauseneinkauf der 6c

Anzahl	Preis (€)
4 Orangensaft	
3 Wurstbrötchen	
5 Brötchen	
6 Milchflaschen	
Summe:	

3 Ergänze die Tabellen.

Brezel	Preis (€)
2	
4	1,60
8	

Äpfel	Preis (€)
3	
6	2,40
12	

Pudding	Preis (€)
2	
6	3,60
18	

Jogurt	Preis (€)
	0,50
3	1,50
	4,50

Baguette	Preis (€)
	0,80
8	3,20
	12,80

Orangen	Preis (€)
	1,50
12	6,00
	30,00

Proportionale Zuordnungen

1

Wie viel € kosten 3 Eiskugeln?

: 4	4 Kugeln kosten ______	: 4
	1 Kugel kostet ______	
· 3	3 Kugeln kosten ______	· 3

2 Berechne die fehlenden Werte.

a)

Stück	Preis (€)
2	1,80
1	
3	

b)

Stück	Preis (€)
6	4,50
13	

c)

Stück	Preis (€)
9	36,00
6	

d)

Gewicht (g)	Preis (€)
500	2,50
	3

e)

Gewicht (g)	Preis (€)
450	9,00
	2,50

f)

Gewicht (g)	Preis (€)
720	1,20
	4,00

g)

Länge (m)	Preis (€)
5	10,50
1	
9	

h)

Länge (m)	Preis (€)
3	36,00
7	

i)

Länge (m)	Preis (€)
2	
1	
5	120,00

3 Ein undichter Wasserhahn verliert in 12 Stunden 3,6 Liter Wasser. Wie viel Liter Wasser verliert er in 5 Stunden (7 Stunden; 15 Stunden)?

Zeit (h)	12	1			
Wasser (*l*)	3,6				

4 Vier Meter Sockelleiste kosten 18 €. Wie viel € kosten 3 m (2,5 m; 15 m)?

Länge (m)	4	1			
Preis (€)	18				

5 Ein Arbeiter verdient in 6 Stunden 51 €. Wie viel verdient er in 2 Stunden (9 Stunden; in einer 37,5-Stunden-Woche)?

Zeit (h)	6	2	1		
Lohn (€)	51				

6 Für sechs Filzstifte muss Lisa im Schreibwarengeschäft 2,40 € bezahlen. Tim möchte einen Filzstift kaufen, Nils drei Stifte und Sarah neun. Berechne die fehlenden Preise.

	Lisa	Tim	Nils	Sarah
Anzahl	6	1	3	
Preis (€)	2,40			

Antiproportionale Zuordnungen

1 Ein Lkw kann den Erdaushub einer Baustelle in 12 Tagen abfahren. Nach wie viel Tagen ist der Erdaushub abgefahren, wenn 2 Lkw (3; 4; 6; 12 Lkw) eingesetzt werden? Vervollständige die zeichnerische Lösung.

Anzahl der Lkw | Anzahl der benötigten Tage

Lkw	Tage
6	

Lkw	Tage
12	

2 Ergänze die Tabellen.

a)

Anzahl	Tage
1	16
2	
4	
8	
16	

b)

Anzahl	Tage
1	18
2	
3	
6	
9	

c)

Anzahl	Tage
1	40
2	
4	
5	
8	

d)

Anzahl	Tage
1	48
2	
3	
4	
6	

3 Ein Rechteck hat einen Flächeninhalt von 24 cm^2. Welche Maße kann es annehmen? Ergänze die Tabelle.

Länge (cm)	24	12	8	6	4	2	1
Breite (cm)	1						

4 Eine bestimmte Menge Tee wird in verschiedene Verpackungen abgefüllt. Berechne die fehlenden Werte.

Gewicht einer Verpackung (g)	50	25		100		250	125
Anzahl der Verpackungen	900		300		90		

5 Für ein Projekt setzt eine Firma 6 Arbeitskräfte ein. Sie benötigen dafür 48 Tage. Um wie viele Tage würde sich die benötigte Zeit verkürzen, wenn 2 Arbeitskräfte mehr an dem Projekt arbeiten?

Antiproportionale Zuordnungen

1

Wie lange reicht das Futter für 9 Pferde?

Für 6 Pferde reicht das Futter ______

$:6$ ⟶ $\cdot 6$ ⟵

Für 1 Pferd reicht das Futter ______

$\cdot 9$ ⟶ $:9$ ⟵

Für 9 Pferde reicht das Futter ______

2 Berechne die fehlenden Werte.

a)

Anzahl der Bagger	Zeit (Tage)
2	60
1	
5	

b)

Anzahl der Teilnehmer	Kosten je Teilnehmer (€)
36	15
20	

c)

Verbrauch pro Tag (€)	Anzahl der Urlaubstage
120	12
90	

d)

Anzahl der Tiere	Futtervorrat (Tage)
18	72
	1
	54

e)

Länge eines Rechtecks (m)	Breite eines Rechtecks (m)
100	15
	25

f)

Heizölverbrauch (*l*)	Anzahl der Heiztage
45	80
	60

g)

Anzahl der Teilnehmer	Kosten je Teilnehmer (€)
7	56
	49

h)

Länge eines Rechtecks (m)	Breite eines Rechtecks (m)
42	36
28	

i)

Gewicht (g)	Anzahl der Verpackungen
60	12
1	
36	

3 Von einer Rolle Klebeband werden 90 Streifen von je 8 cm Länge abgeschnitten. Wie viele Streifen kann man von der Rolle abschneiden, wenn ein Streifen 5 cm (6 cm; 9 cm; 10 cm; 15 cm) lang ist?

Länge der Streifen (cm)	8	1					
Anzahl der Streifen	90						

4 3 Pumpen füllen ein Wasserbecken in 180 Minuten.

a) Es werden 2 Pumpen (8 Pumpen) eingesetzt.

Pumpen	3				
Zeit (min)	180				

b) Das Becken ist nach 135 min (54 min) gefüllt.

Zeit (min)	180				
Pumpen	3				

Proportional und antiproportional

1 Berechne proportionale Zuordnungen auf der linken Seite und antiproportionale Zuordnungen auf der rechten Seite.

a) Eine Maschine stellt in einer Stunde 9000 Schrauben her. Wie viele Minuten braucht sie für 3600 Schrauben?

b) Eine Hausgemeinschaft teilt sich die Kosten für die Pflege des Vorgartens. Von 12 Personen zahlt jeder 25 Euro. Durch Auszug verringert sich die Anzahl der Personen auf zehn. Wie viel Euro muss jetzt jeder zahlen?

c) Ein Bäcker liefert täglich 25 Brötchen für 14 Euro in ein Mietshaus. Familie Mann erhält davon sechs. Wie viel Euro muss sie bezahlen?

d) Vier Rasenmäher mähen eine Parkwiese in 4 h 30 min. Wie viele Rasenmäher schaffen die Arbeit in 3 Stunden?

proportional	antiproportional

2 Ein Sciencefictionroman hat 512 Seiten mit jeweils 60 Zeilen.

a) Für eine Taschenbuchausgabe wird eine kleinere Schrift gewählt. Das Buch hat noch 480 Seiten. Wie viele Zeilen passen auf eine Seite? ____________________

b) Ein Verlag stellt um und druckt auf eine Seite nur 48 Zeilen. Wie viele Seiten hat diese Ausgabe? ____________________

3 Von einem Computer-Drucker werden 180 Seiten Text in 15 min ausgedruckt.

a) Wie lange braucht er für 300 Seiten? ____________________

b) Wie viele Seiten druckt er in 35 min? ____________________

Proportional und antiproportional

1 Familie Meyer hat am Wochenende eine Tagestour mit dem Fahrrad unternommen. Sie sind durchschnittlich 15 km pro Stunde gefahren. Nach einer Stunde haben sie eine Pause von 10 Minuten eingelegt.

a) Ergänze die Tabelle.

Zeit (min)	Weg (km)
20	5
40	
60	
70	
90	
110	

b) Trage die Werte in ein Koordinatensystem ein.

c) Ist die Zuordnung zwischen 40 Minuten und 90 Minuten direkt proportional? Begründe.

d) Wie würde sich der Verlauf des Graphen ändern, wenn Familie Meyer langsamer (schneller) gefahren wäre?

2 In den Tabellen ist der Zusammenhang zwischen x und y dargestellt. Ergänze jeweils die fehlende Zahl und den Lückentext.

a)

x	10	20	30	40
y	15		45	60

Zwischen x und y besteht eine ________

________________ Zuordnung.

b)

x	10	20	30	40
y	36	18		9

Zwischen x und y besteht eine ________

________________ Zuordnung.

3 Bei welchem Graphen liegt eine proportionale oder antiproportionale Zuordnung vor? Begründe.

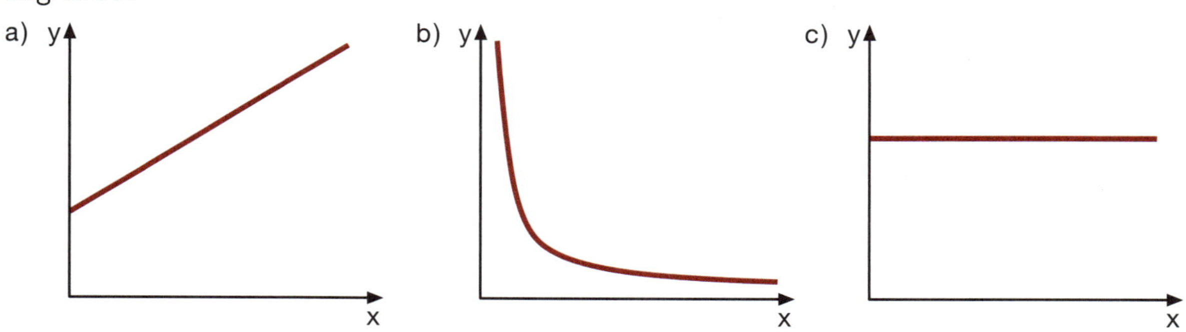

Dreiecke

1 a) Wie viele Dreiecke erkennst du? ________
b) Färbe ein Dreieck mit zwei gleich langen Seiten gelb.
c) Färbe ein Dreieck, bei dem alle Seiten gleich lang sind, blau.
d) Färbe ein Dreieck mit zwei zueinander senkrechten Seiten grün.

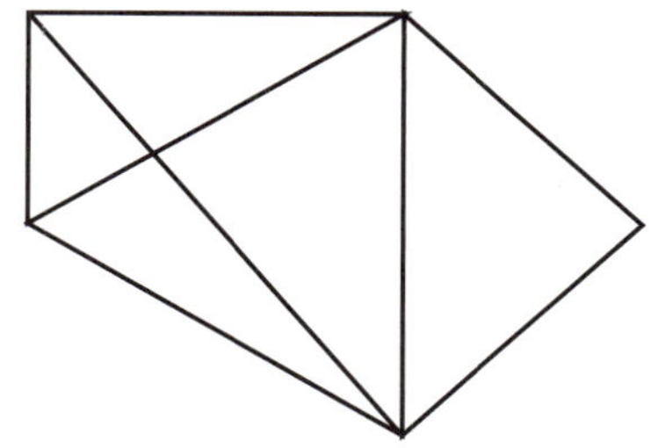

2 Benenne die Dreiecke. Zeichne die Symmetrieachsen ein.

a)

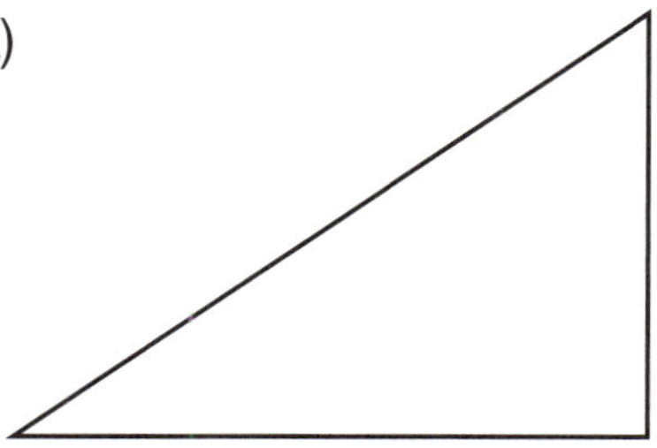

____

b)

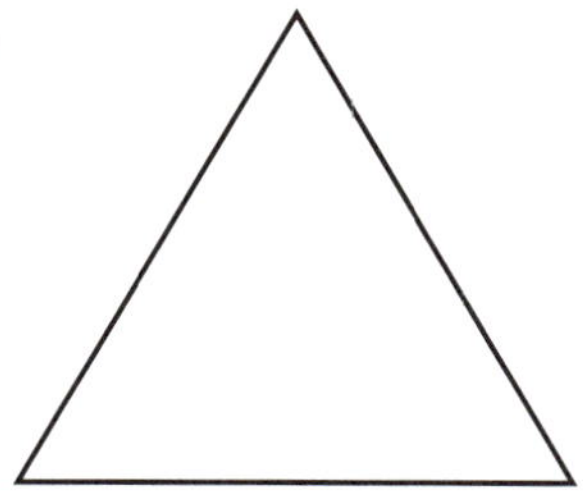

____

c)

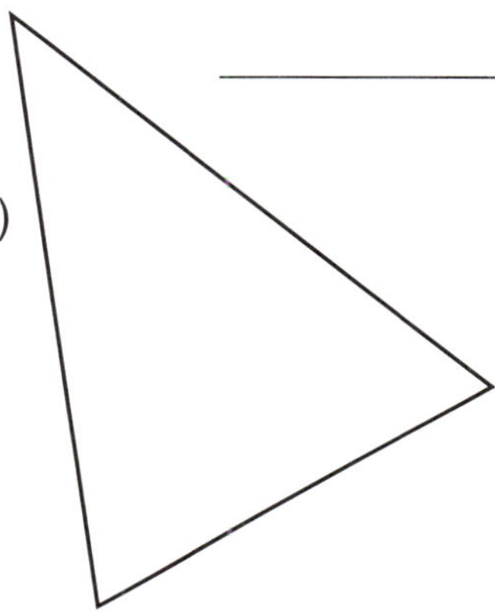

____

d)

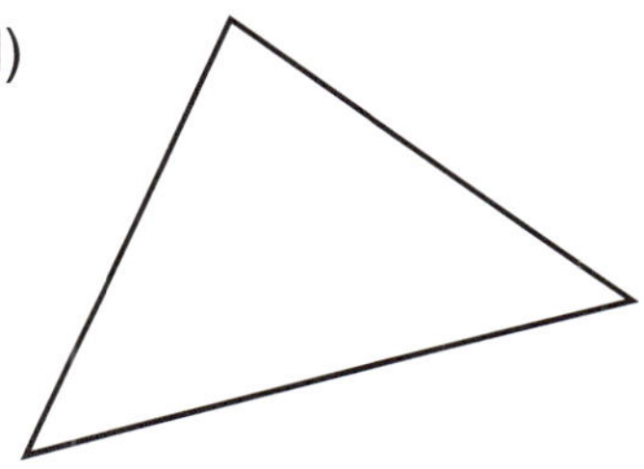

____

e)

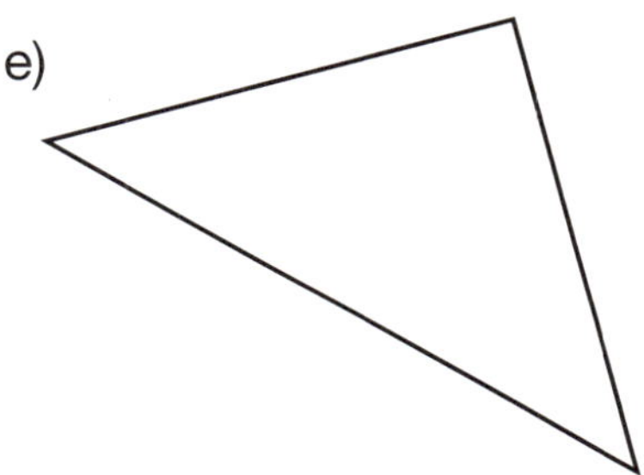

____

3 Kreuze den richtigen Satz an.

☐ Ein gleichseitiges Dreieck ist auch gleichschenklig.

☐ Ein gleichschenkliges Dreieck ist auch rechtwinklig.

4 Aus wie vielen gleichseitigen Dreiecken bestehen die Figuren? Zeichne sie ein.

a)

____

b)

____

Dreiecksarten

1 a) Welche Dreiecke sind spitzwinklig, rechtwinklig oder stumpfwinklig?
b) Bei welchen Dreiecken sind zwei Seiten gleich lang?
c) Miss jeweils die Winkel und gib die Winkelsumme an.

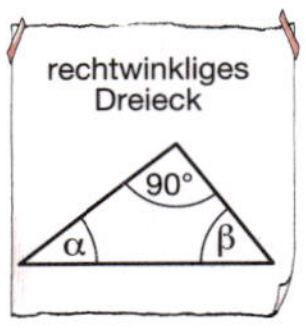

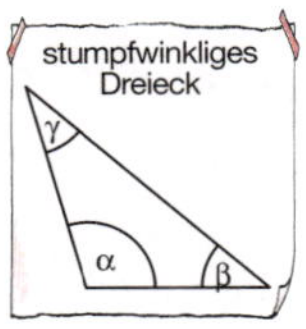

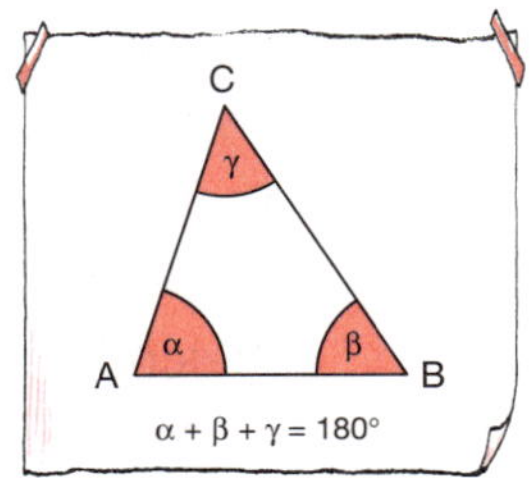

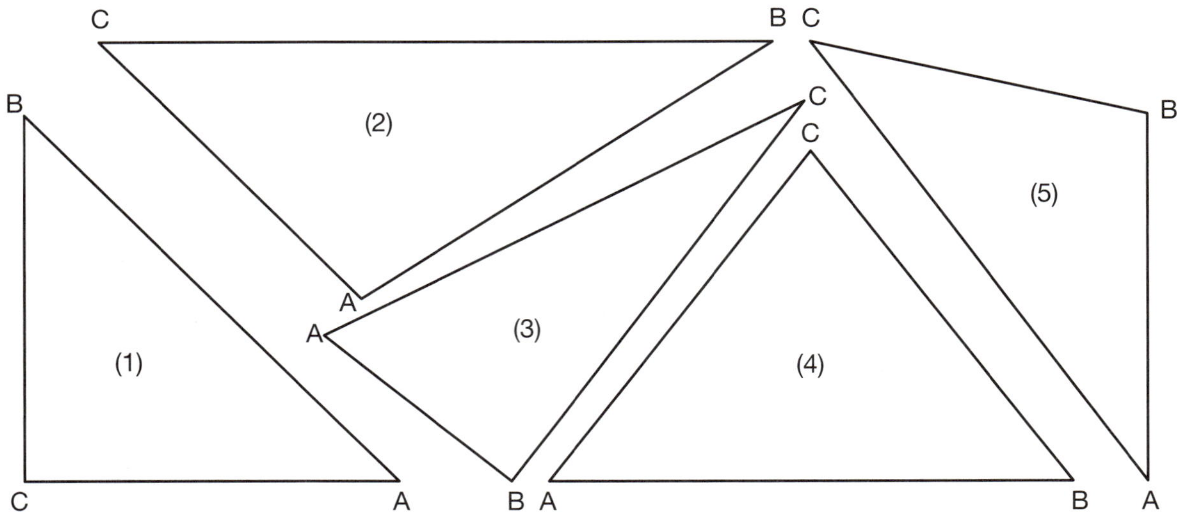

spitzwinklig	rechtwinklig	stumpfwinklig	zwei gleich lange Seiten

2 Berechne die fehlenden Winkel im Dreieck.

	a)	b)	c)	d)	e)	f)
Winkel α	74°	59°		27°	63°	60°
Winkel β	60°	31°	117°	27°		60°
Winkel γ			29°		54°	

3 a) Bei einem Dreieck werden die Punkte A und B festgehalten. Der Punkt C bewegt sich auf der Parallelen zu $\overline{AB}$. Zeichne die Dreiecke.
b) Mit welchen Punkten entsteht ein rechtwinkliges Dreieck? ______________
c) Wann entsteht ein Dreieck mit zwei gleich langen Seiten? ______________

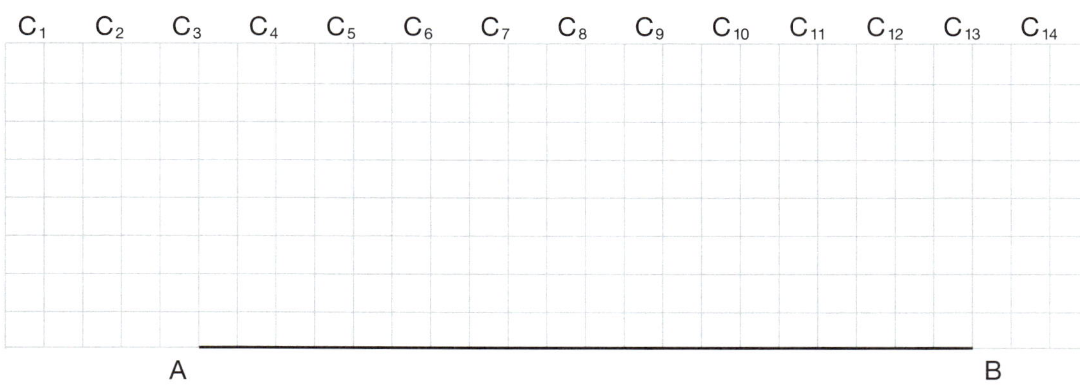

d) Schreibe die Dreiecksformen der folgenden Dreiecke auf: ABC_1, ABC_4, ABC_5, ABC_6, ABC_9.

Gleichschenklige und gleichseitige Dreiecke

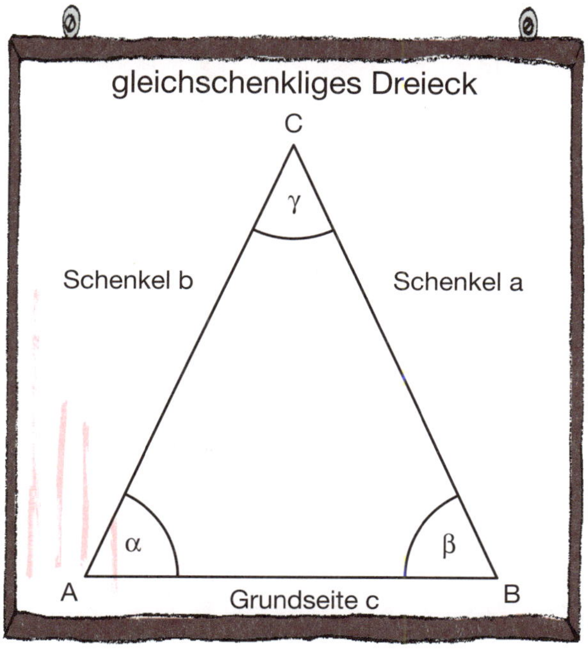

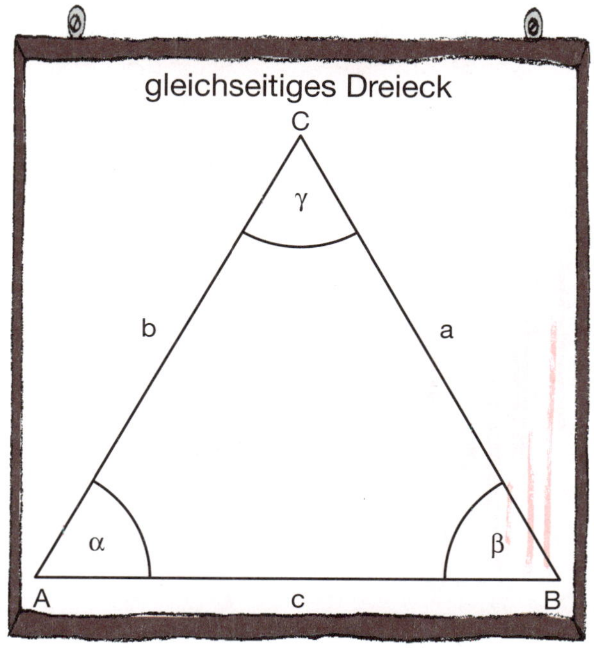

1 a) Miss alle Seitenlängen und schreibe sie auf.

a = ________ b = ________ c = ________ a = ________ b = ________ c = ________

b) Miss alle Winkel und schreibe sie auf. Überprüfe die Winkelsumme.

α = ________ β = ________ γ = ________ α = ________ β = ________ γ = ________

2 Ergänze zu gleichschenkligen oder gleichseitigen Dreiecken unterschiedlicher Größe.

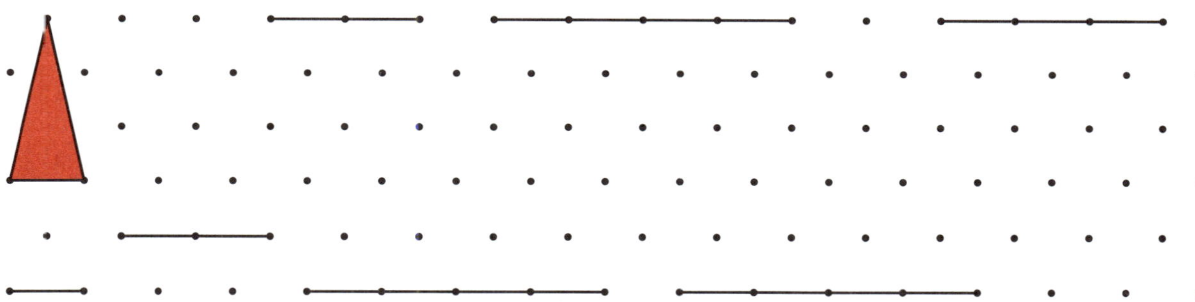

3 Zeichne in das gleichseitige Dreieck alle Symmetrieachsen ein.

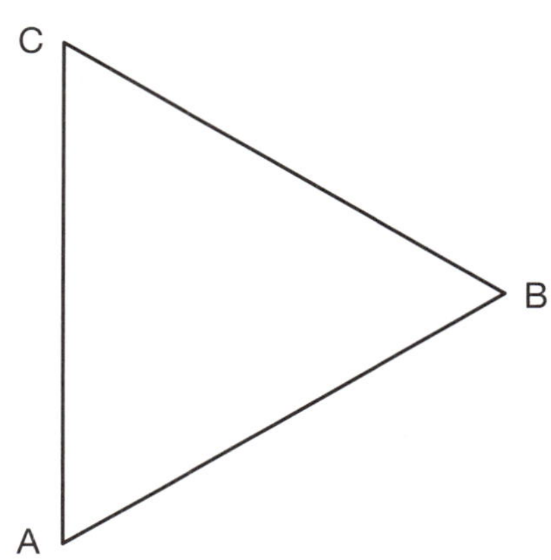

Besondere Linien im Dreieck konstruieren

1 Konstruiere die Seitenhalbierenden.

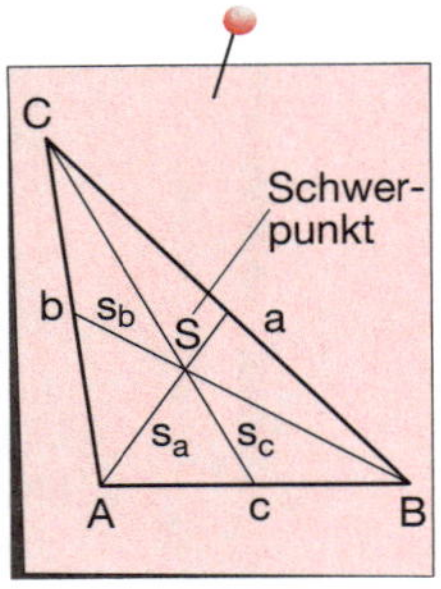

a)

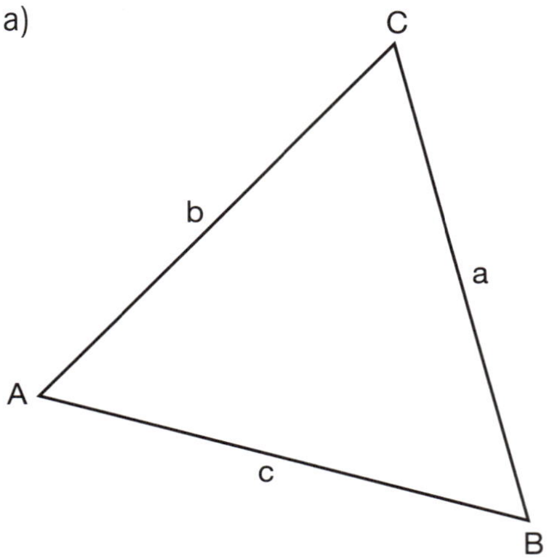

b)

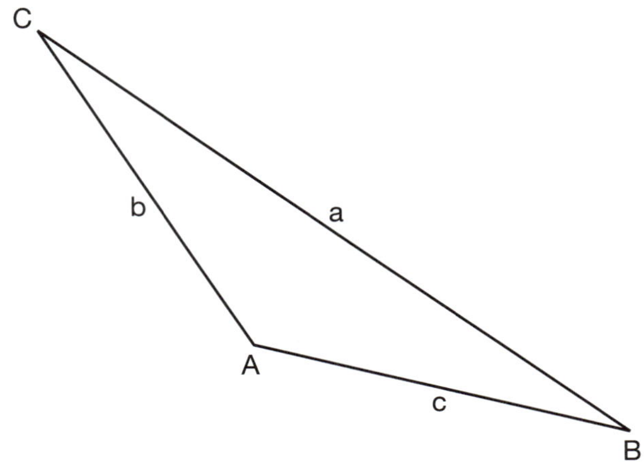

2 Konstruiere die Mittelsenkrechten. Überprüfe die Genauigkeit deiner Konstruktion, indem du den Umkreis des Dreiecks zeichnest.

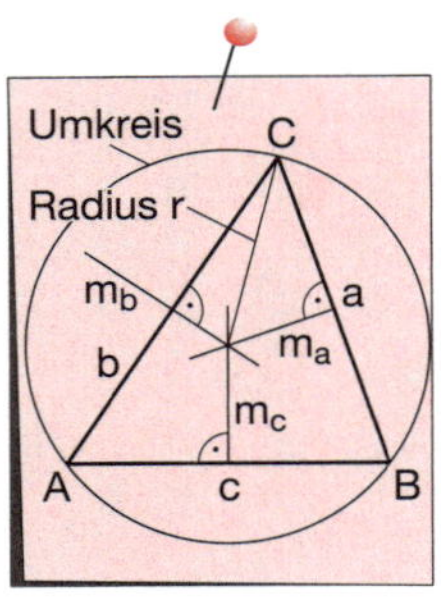

a)

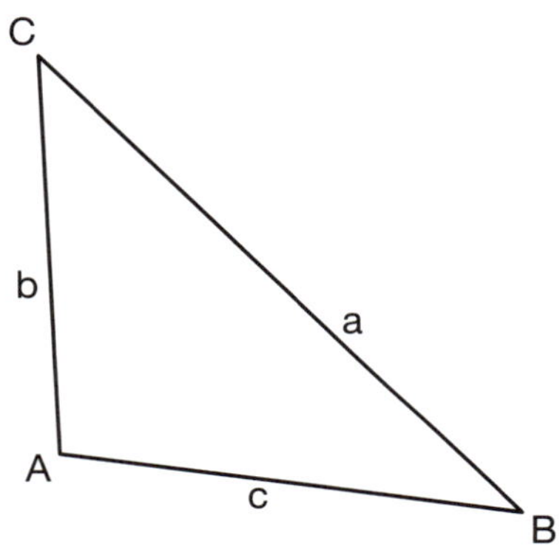

b)

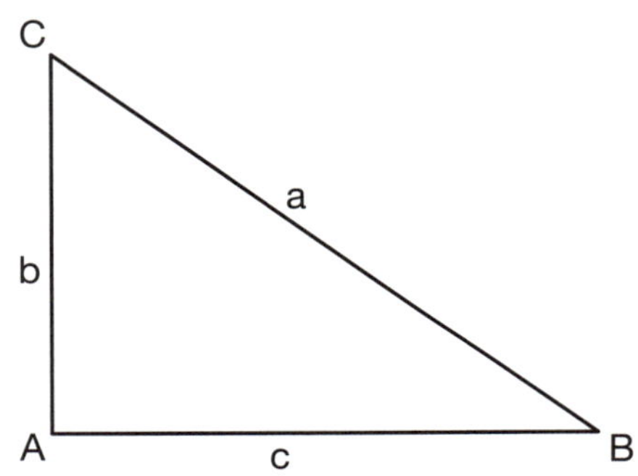

3 Konstruiere für alle Innenwinkel des Dreiecks die Winkelhalbierende. Überprüfe die Genauigkeit deiner Konstruktion, indem du den Inkreis des Dreiecks zeichnest.

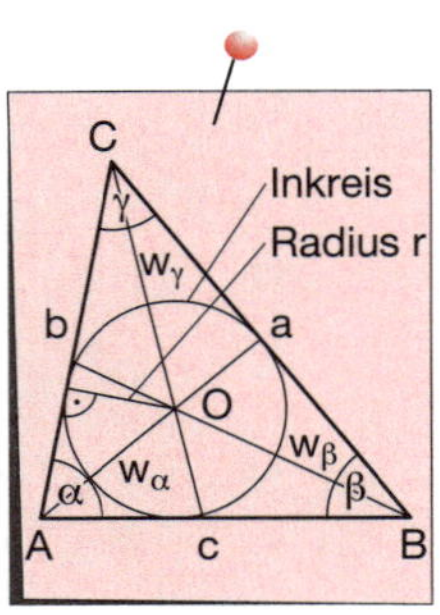

a)

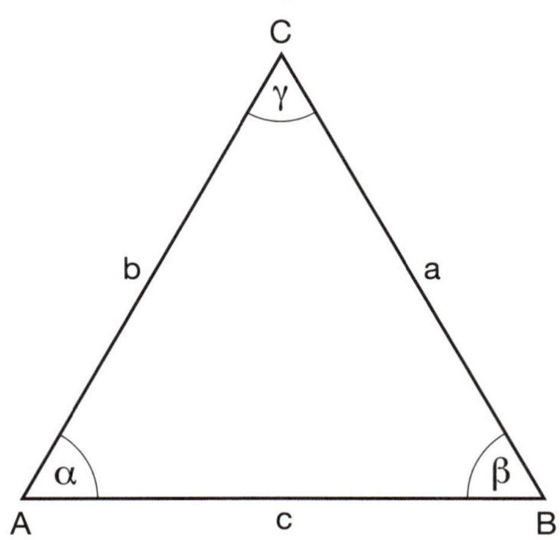

b)

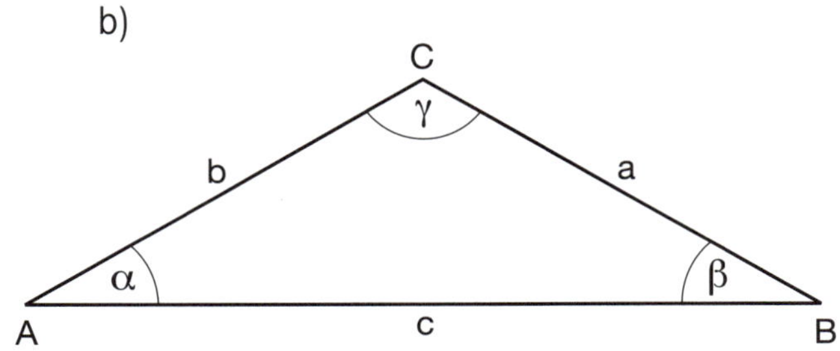

Besondere Linien im Dreieck konstruieren

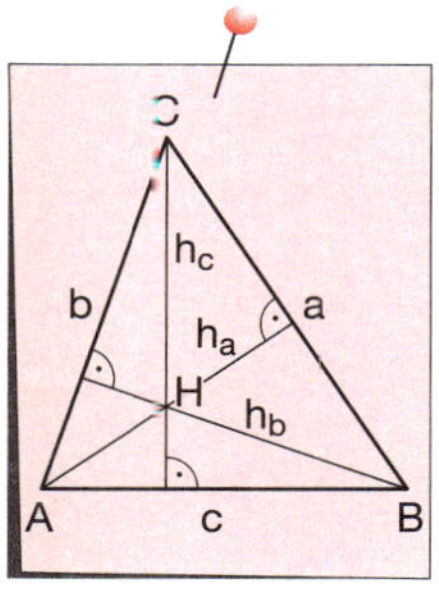

1 Zeichne die angegebene Höhe ein und miss ihre Länge.

a) 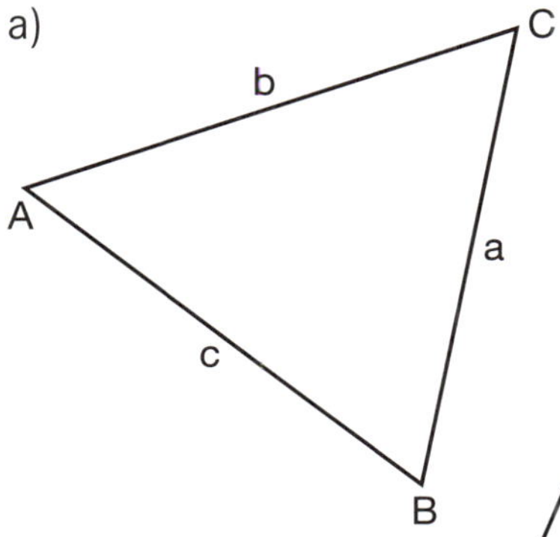

b) 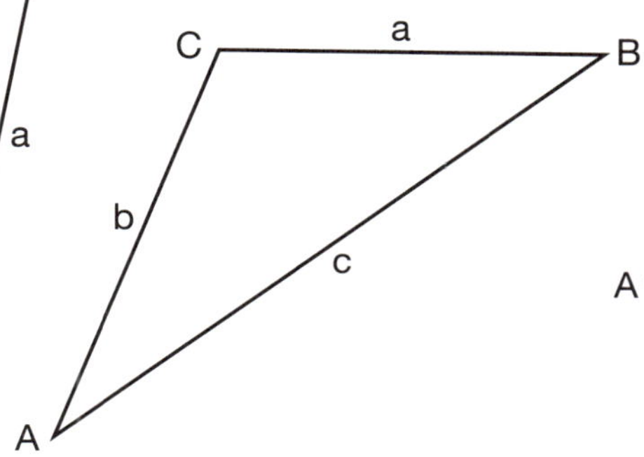

c) 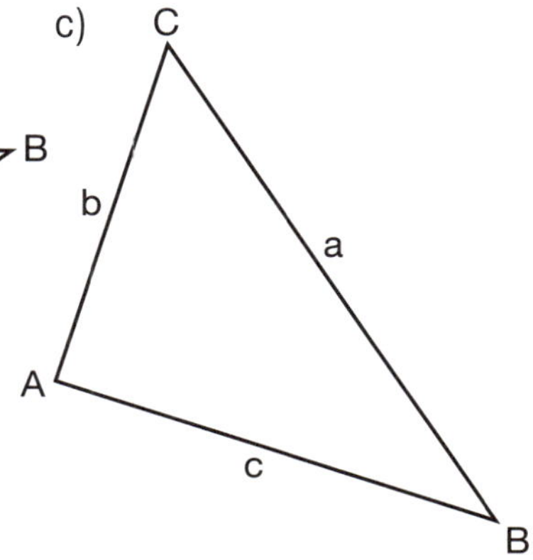

h_a = ____________ h_b = ____________ h_c = ____________

2 a) Konstruiere den Umkreis des Dreiecks. b) Konstruiere den Inkreis des Dreiecks.

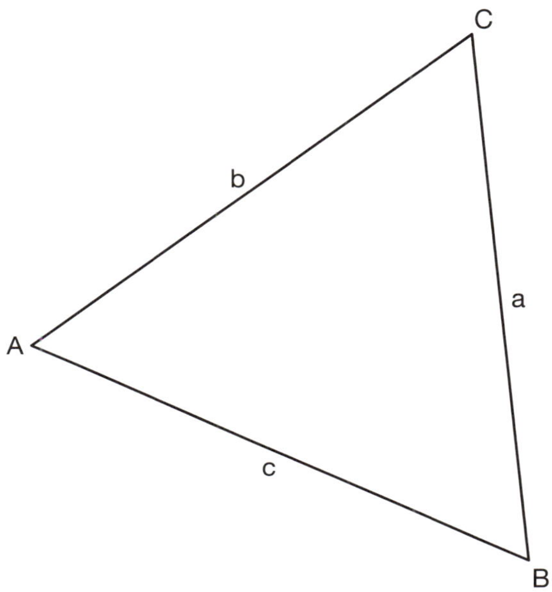

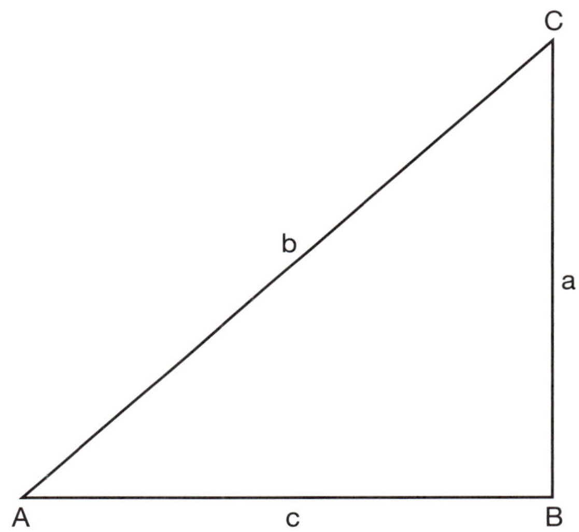

3 Ergänze.

a) Der Schnittpunkt der Seitenhalbierenden eines Dreiecks heißt ____________.

b) Den Umkreismittelpunkt eines Dreieckes erhält man, indem man die ____________ ____________ konstruiert.

c) Die Seite eines Dreiecks bildet mit der zugehörigen Höhe einen ____________ Winkel.

d) Der Schnittpunkt der Höhen eines stumpfwinkligen Dreiecks liegt ____________ des Dreiecks.

e) In einem gleichseitigen Dreieck ist der Umkreismittelpunkt auch ____________

Besondere Winkel

1 Markiere in der Zeichnung Neben- und Scheitelwinkelpaare jeweils mit einer anderen Farbe. Miss einen Winkel und bestimme die übrigen Winkelgrößen durch Überlegung.

a) α = ____; β = ____; γ = ____; δ = ____

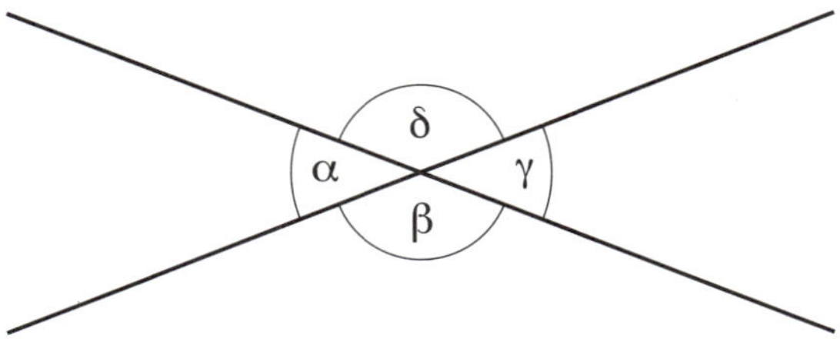

b) α = ____; α' = ____;

α'' = ____; α''' = ____;

β = 64°;

γ = ____; γ' = ____

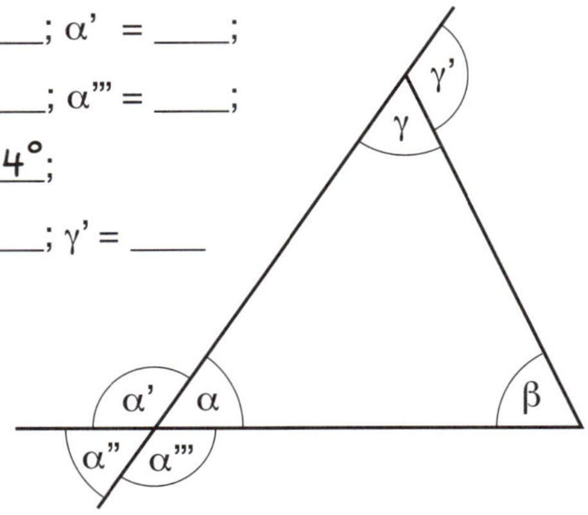

2 a) Markiere in der Zeichnung Stufenwinkelpaare jeweils mit einer anderen Farbe. Miss einen Winkel und bestimme die übrigen Winkelgrößen durch Überlegung.

g||h

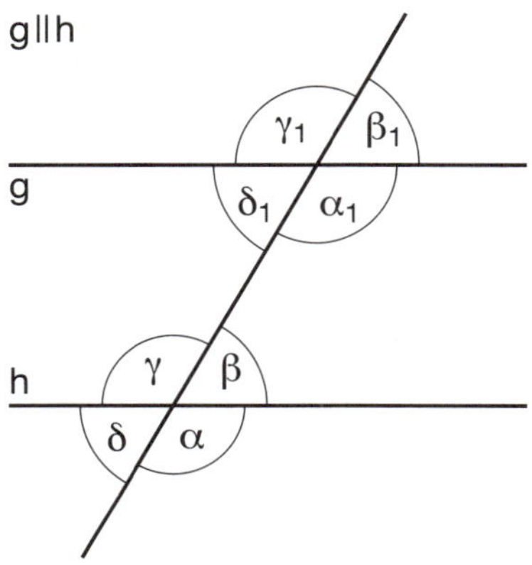

α = ____
β = ____
γ = ____
δ = ____
α_1 = ____
β_1 = ____
γ_1 = ____
δ_1 = ____

b) Markiere in der Zeichnung Wechselwinkelpaare jeweils mit einer anderen Farbe. Miss einen Winkel und bestimme die übrigen Winkelgrößen durch Überlegung.

g||h

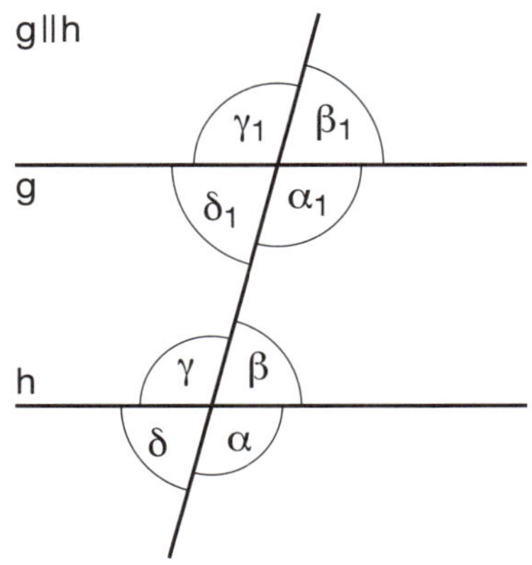

α = ____
β = ____
γ = ____
δ = ____
α_1 = ____
β_1 = ____
γ_1 = ____
δ_1 = ____

3 Miss den Winkel α_1 und ergänze in der Tabelle die übrigen Winkelgrößen.

$g_1 || g_2$
$h_1 || h_2$

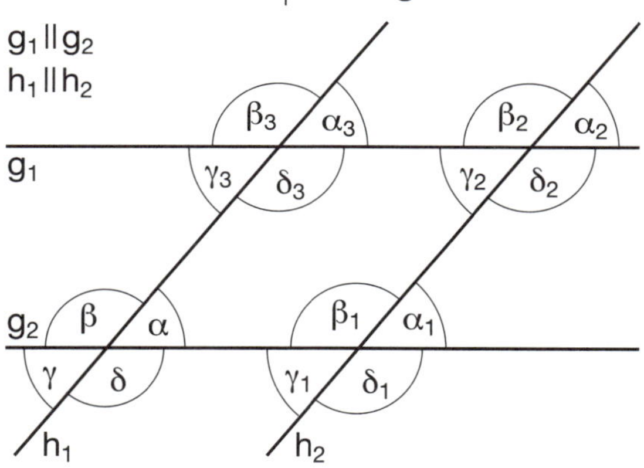

g||h

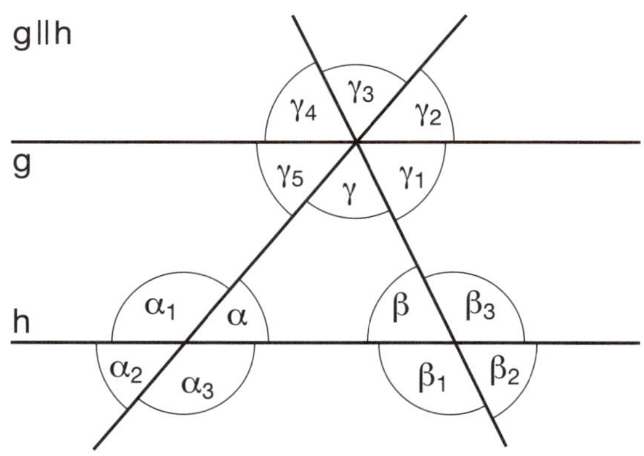

α	α_1	α_2	α_3	β	β_1	β_2	β_3
γ	γ_1	γ_2	γ_3	δ	δ_1	δ_2	δ_3

α	α_1	α_2	α_3	β	β_1	β_2	β_3
γ	γ_1	γ_2	γ_3	γ_4	γ_5		
	64°						

Dreiecke konstruieren

1 Ergänze die Dreiecke nach der Planfigur. Miss die Winkel und Seiten und trage sie ein.

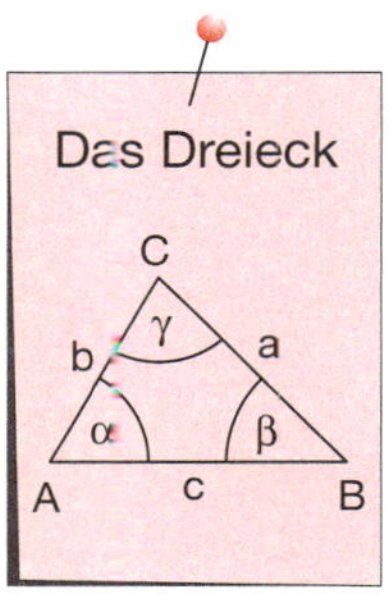

a)

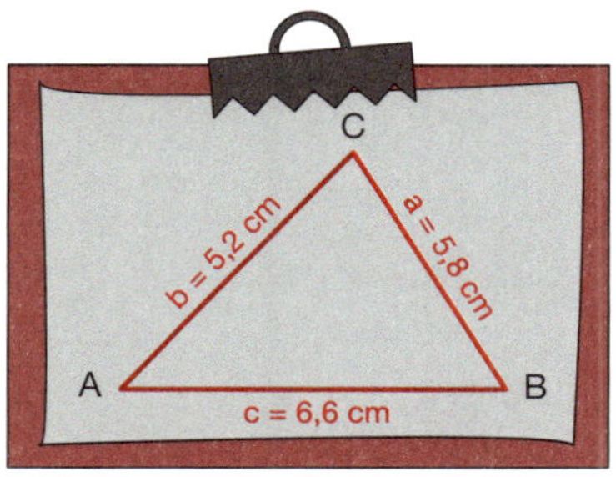

α = ______

β = ______

γ = ______

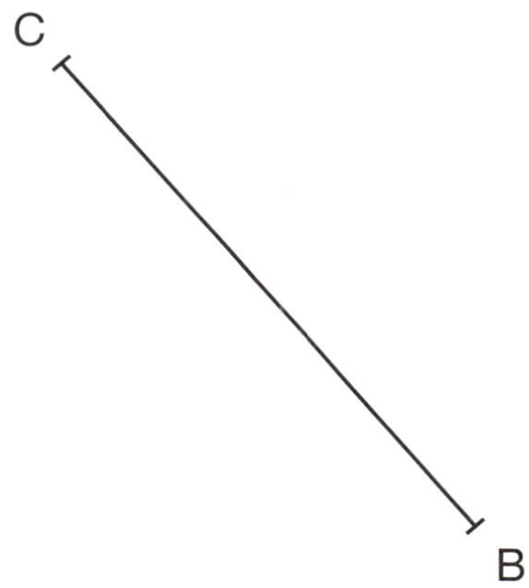

b)

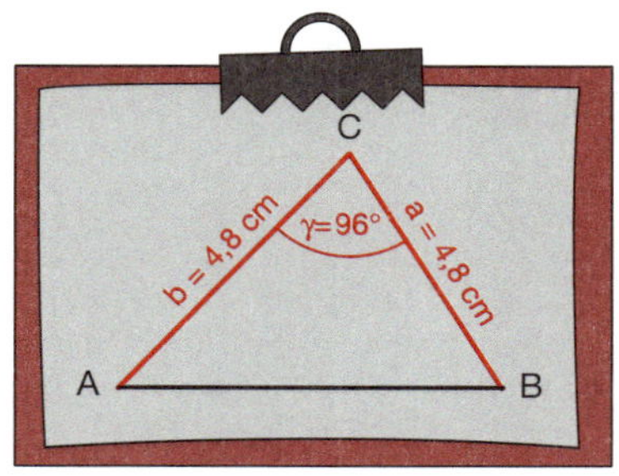

α = ______

β = ______

c = ______

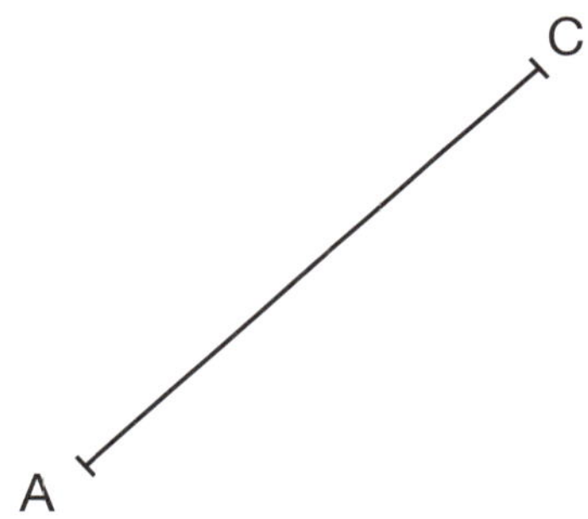

c)

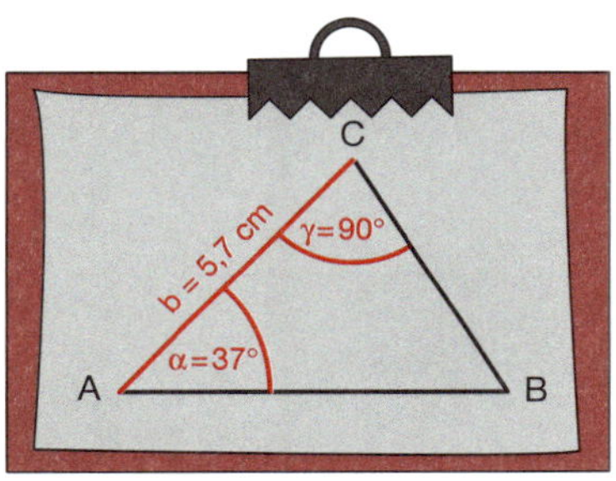

β = ______

a = ______

c = ______

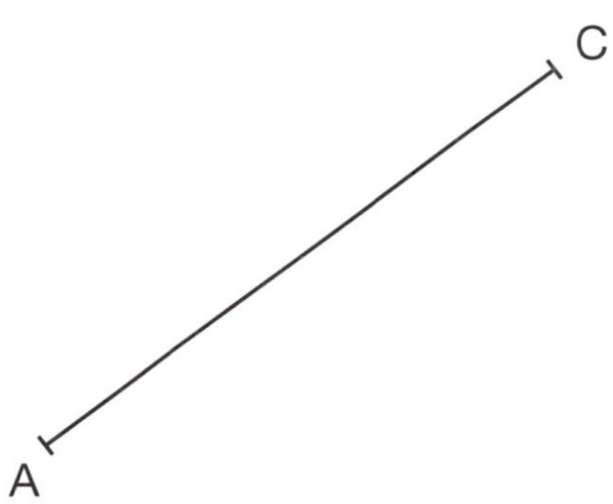

d)

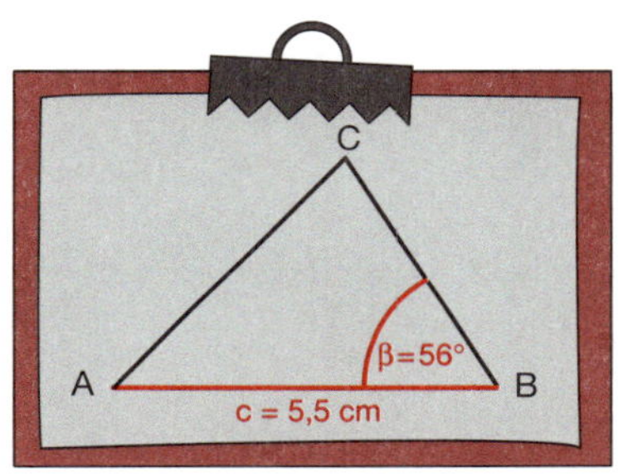

α = β = ______

b = a = ______

2 a) Versuche ein Dreieck mit a = 2,2 cm, b = 4,1 cm und c = 6,8 cm zu zeichnen.

b) Wie groß musst du die Seite a mindestens wählen, damit ein Dreieck entsteht?

____

Dreiecke konstruieren

1 Konstruiere das Dreieck ABC. Fertige zunächst eine Planfigur an.

a) a = 3,5 cm; b = 2,8 cm; c = 4,9 cm

Planfigur:

Konstruktion:

b) α = 35°; b = 6,4 cm; c = 3,2 cm

Planfigur:

Konstruktion:

c) β = 70°; γ = 85°; a = 1,9 cm

Planfigur:

Konstruktion:

d) β = 110°; b = 8 cm; c = 6 cm

Planfigur:

Konstruktion:

2 Gib für die Konstruktionen bei Aufgabe 3 jeweils die verwendeten Kongruenzsätze an.

a) ______ b) ______ c) ______ d) ______

3 Bestimme für die konstruierten Dreiecke von Aufgabe 3 die fehlenden Winkelgrößen.

	α	β	γ
a)			
b)	35°		
c)		70°	85°
d)		110°	

Dreiecke konstruieren

1 Der Lenkdrachen besteht aus sechs Dreiecken.

a) Entnimm der Zeichnung die notwendigen Maße und konstruiere den Drachen aus den Dreiecken. Beginne an der Symmetrieachse.

b) Gib die Originallängen des Drachens an. Schreibe sie an die Seiten.

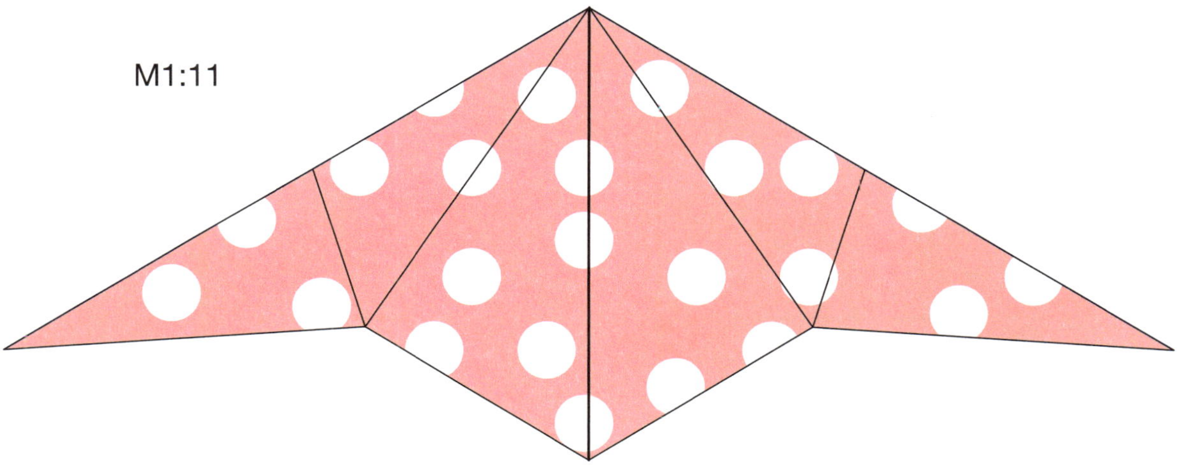

Dreiecke berechnen

1 Bestimme den Flächeninhalt der Dreiecke.

	a)	b)	c)
Grundseite g	6 cm	20 dm	4 m
Höhe h_g	9 cm	20 dm	13 m
Flächeninhalt A			

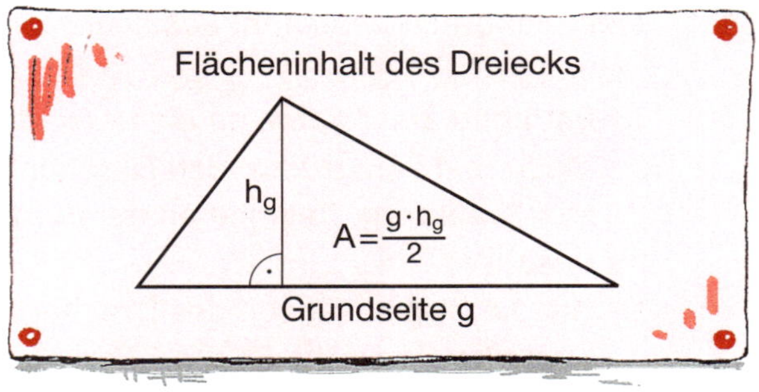

2 a) Trage die Grundseite g blau ein. Zeichne die zugehörige Höhe h_g rot ein. Miss entsprechende Längen und berechne den Flächeninhalt.
b) Miss die Seitenlängen und bestimme den Umfang.

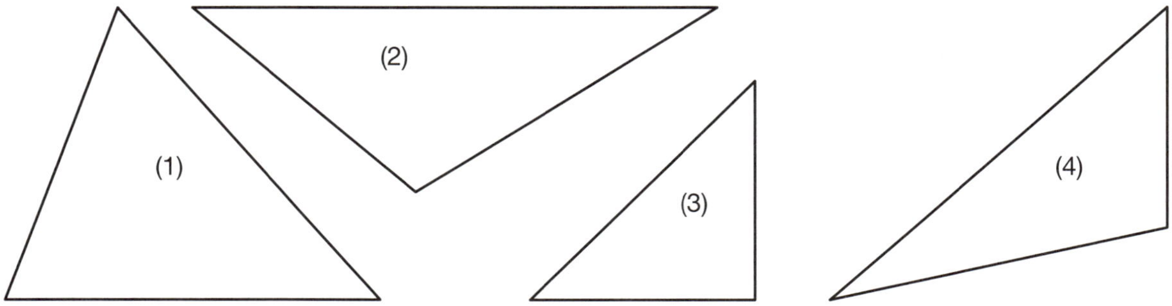

A = ____________ A = ____________ A = ____________ A = ____________

u = ____________ u = ____________ u = ____________ u = ____________

3 Bestimme die fehlenden Werte der Dreiecke. Achte auf die Maßeinheit.

	a)	b)	c)	d)	e)	f)	g)
Grundseite g	9 cm	2,4 m	25 cm	8 cm	25 dm		
Höhe h_g	4 cm	3 dm	0,3 m			5 cm	36 dm
Flächeninhalt A				24 cm^2	150 dm^2	30 cm^2	180 dm^2

4 Der Giebel eines Fachwerkhauses wird verglast.
a) Berechne die Gesamtfläche des Giebels.
b) 1 m^2 Doppelverglasung kostet 78 €.
Wie teuer wird die Verglasung?

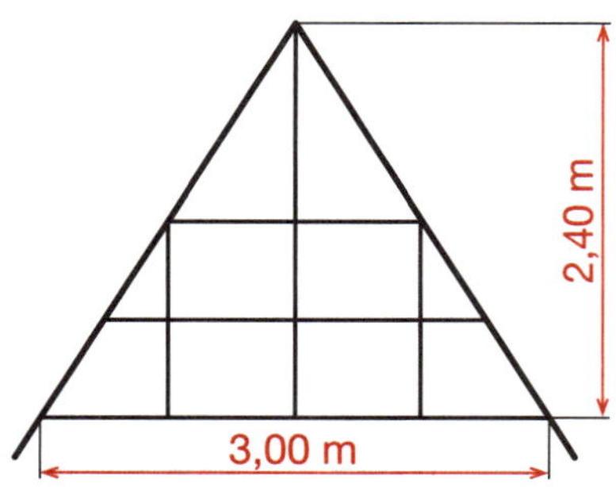

Sachaufgaben

1 In einem Neubaugebiet müssen die Satteldächer der Häuser eine vorgeschriebene Dachneigung haben. Ein Haus ist 10 m breit. Wie hoch wird jeweils der Giebel?
Ergänze die Dachformen im Maßstab 1:200 und schreibe die Länge der Höhe in die Zeichnung.

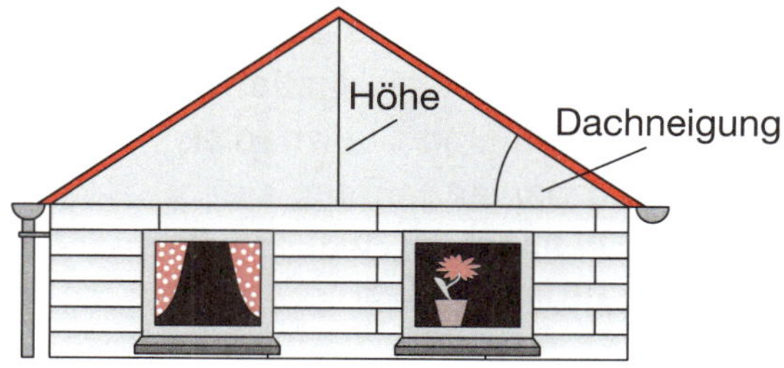

a) Dachneigung 30°   b) Dachneigung 40°   c) Dachneigung 45°

2 Vor dem Wald soll von B nach C eine Straße gebaut werden. Wie lang wird sie?
Konstruiere das Dreieck. Wähle einen geeigneten Maßstab.

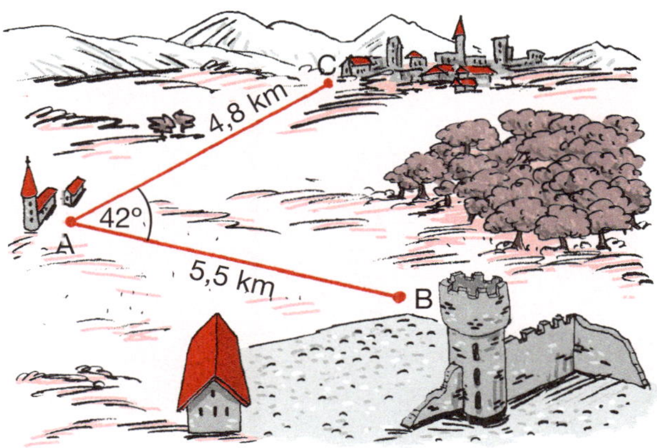

Die Straße wird ________ km lang.

3 Ein Schiff wird vor der Küste von den Leuchttürmen A und B angepeilt.
Konstruiere das Dreieck nach den Angaben und bestimme die Entfernungen.

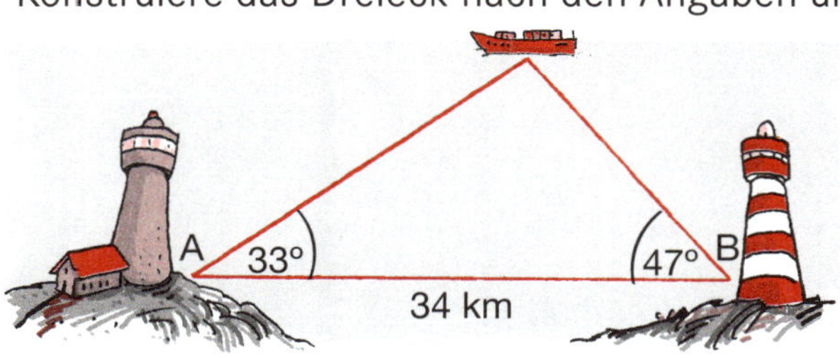

Das Schiff ist von A ________ km entfernt.

Von B ist das Schiff ________ km entfernt.

Das Schiff ist von der Küste ________ km entfernt.

Oberflächeninhalt von Quader und Würfel berechnen

1 Tamara stellt eine Schmuckbox her. Sie beklebt eine quaderförmige Schachtel mit Glanzpapier. Wie viel Glanzpapier benötigt sie? Berechne dazu den Oberflächeninhalt.

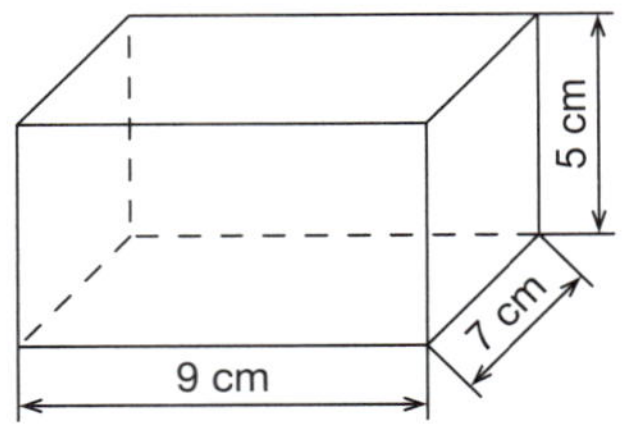

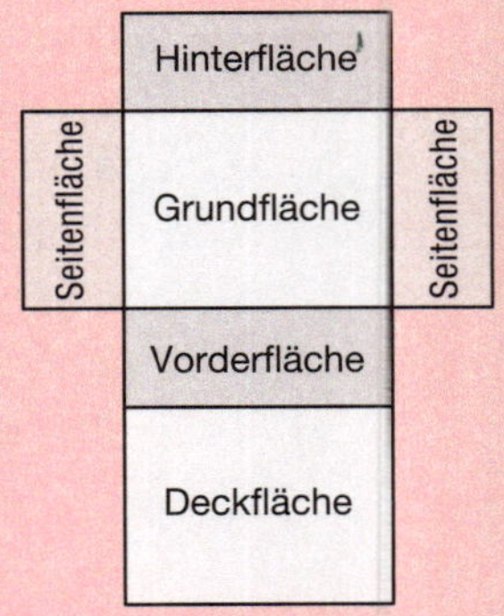

Oberfläche =
2 Grundflächen
+ 2 Vorderflächen
+ 2 Seitenflächen

$A_O = 2 \cdot a \cdot b + 2 \cdot a \cdot c + 2 \cdot b \cdot c$

2 Eine quaderförmige Waschmittelpackung (20 cm x 12 cm x 16 cm) wird mit Folie beklebt.

a) Wie viel dm^2 Folie sind erforderlich? ______________

b) Wie groß ist der Rauminhalt der Packung? ______________

3 Berechne den Oberflächeninhalt der Quader.

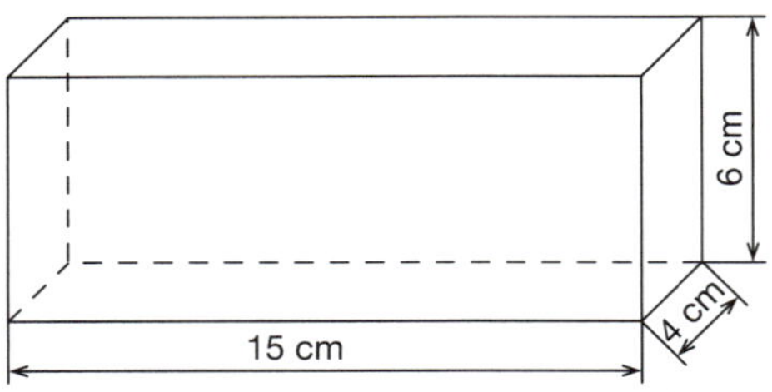

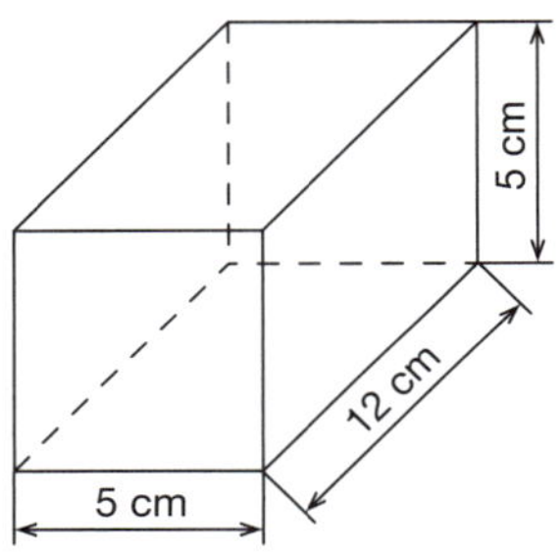

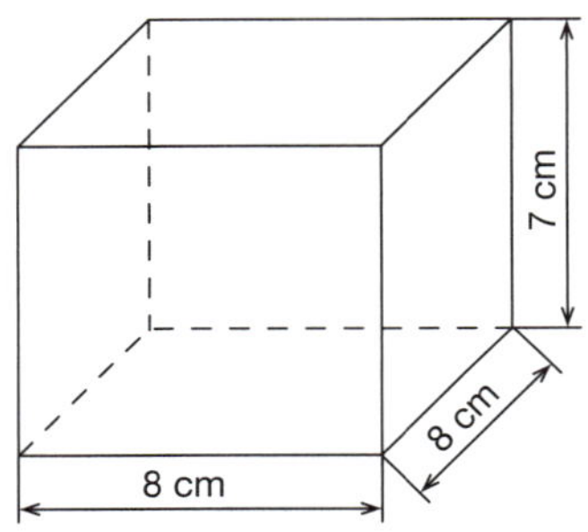

4 Ein Würfel hat eine Kantenlänge von 20 cm.

a) Berechne den Oberflächeninhalt A_O und den Rauminhalt V. A_O = __________ V = __________

b) Wie verändern sich Oberfläche und Rauminhalt bei einem Würfel mit doppelter Kantenlänge? Berechne und vergleiche. A_O = ______________ V = ______________

____

____

Rauminhalte vergleichen

1 Je zwei der Quader bestehen aus gleich vielen Würfeln. Verbinde sie mit einer Linie und schreibe an die Linie die Anzahl der Würfel.

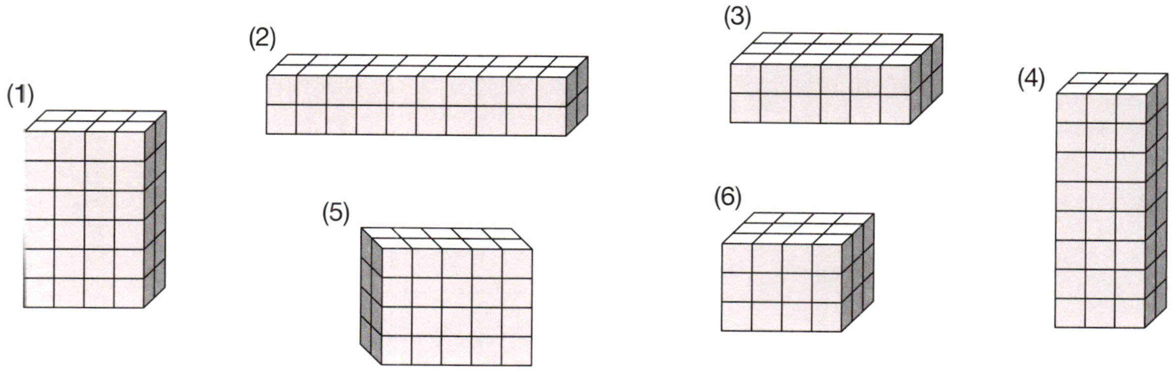

2 a) Es sollen Quader entstehen. Wie viele Würfel fehlen mindestens?

(1) ____________ (2) ____________ (3) ____________

b) Gib den Rauminhalt des entstehenden Quaders an.

(1) ____________ (2) ____________ (3) ____________

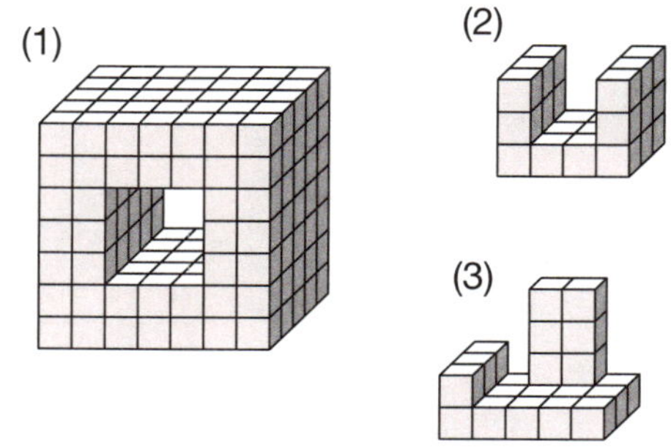

3 Aus 48 Würfeln lassen sich verschiedene Quader bauen. Vervollständige die angefangenen Schrägbilder. Schreibe die Maße an die fertige Zeichnung.

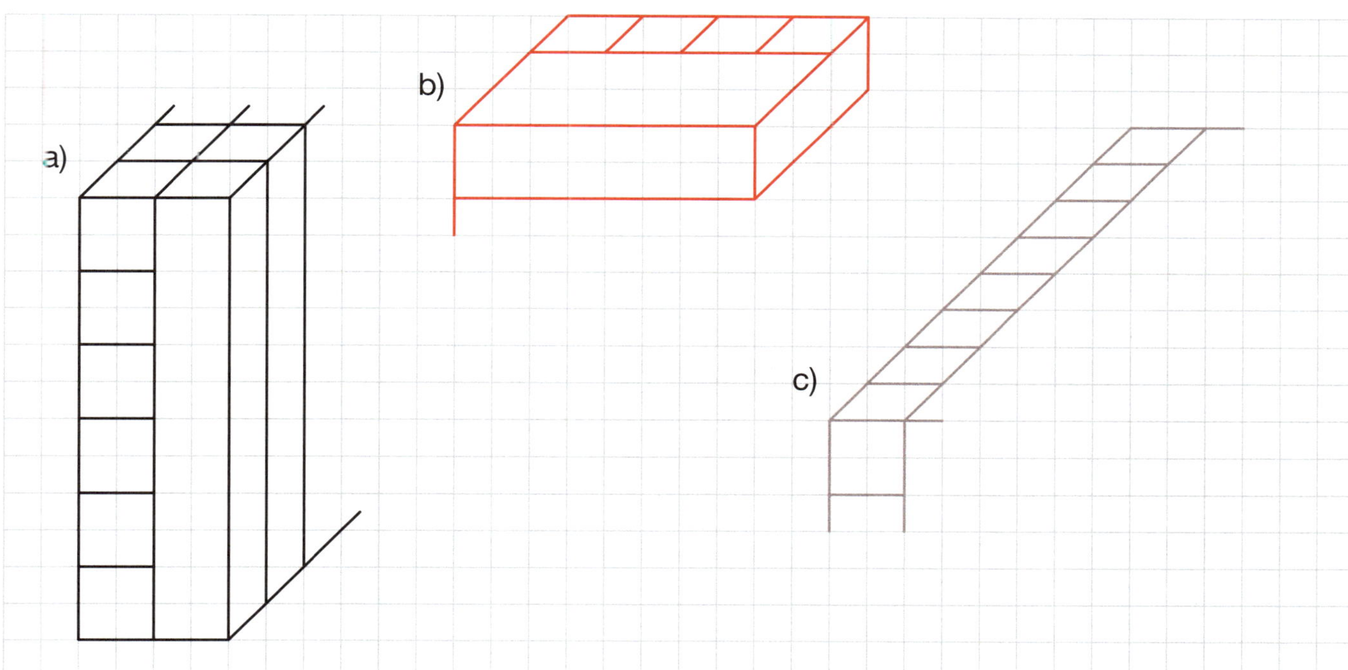

Raumeinheiten umwandeln

1 Wandle in die angegebene Raumeinheit um. Verwende das Größenhaus.

1 m^3 = 1000 dm^3
1 dm^3 = 1000 cm^3
1 cm^3 = 1000 mm^3
Umwandlungszahl 1000

	m^3	dm^3	cm^3		
a) 8000 cm^3		8	000	=	8 dm^3
b) 15 400 cm^3				=	dm^3
c) 80,3 dm^3				=	cm^3
d) 6500 mm^3				=	cm^3
e) 60,85 dm^3				=	m^3
f) 2,90 m^3				=	dm^3

2 Wandle in die nächstgrößere Einheit um.

a) 6305 mm^3 = ____________
80,43 cm^3 = ____________
5,06 dm^3 = ____________
0,05 mm^3 = ____________

b) 46 000 cm^3 = ____________
0,052 dm^3 = ____________
27 309 mm^3 = ____________
0,026 cm^3 = ____________

3 Wandle wie im Beispiel um. 16 400 dm^3 = 16 m^3 400 dm^3

a) 175 320 dm^3 = ____________
70 321 mm^3 = ____________
210 328 cm^3 = ____________

b) 205 026 dm^3 = ____________
702 005 cm^3 = ____________
602 005 dm^3 = ____________

4

a) 43 m^3 = ____________ dm^3
82 000 cm^3 = ____________ dm^3

b) 0,7 dm^3 = ____________ m^3
36 mm^3 = ____________ cm^3

c) 9 dm^3 17 cm^3 = ____________ dm^3
38 cm^3 25 mm^3 = ____________ cm^3

d) 10 m^3 500 dm^3 = ____________ m^3
92 dm^3 7 cm^3 = ____________ dm^3

5 Wandle wie im Beispiel um. 6240 ml = 6,240 *l*

1 dm^3 = 1 l
1 hl = 100 l
1 l = 1000 ml

a) 2028 ml = ____________ *l*
6410 *l* = ____________ hl

b) 6,25 m^3 = ____________ *l*
9065 *l* = ____________ m^3

c) 0,625 hl = ____________ *l*
3,05 *l* = ____________ ml

d) 35,2 *l* = ____________ hl
500 ml = ____________ *l*

6 Ein Tankwagen mit Heizöl hat ein Fassungsvermögen von 25,800 m^3. Er beliefert nacheinander mehrere Kunden mit 8560 *l*, 5045 *l*, 10 280 *l*, 1290 *l*. Wie viel *l* kann er noch ausliefern?

____

Rauminhalt von Quader und Würfel berechnen

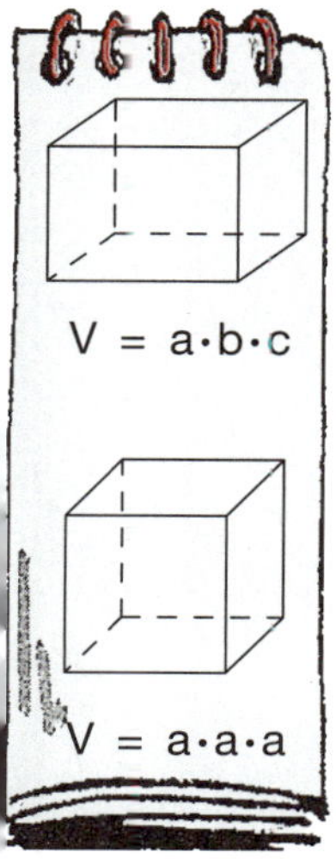

1 Berechne den Rauminhalt der Quader.

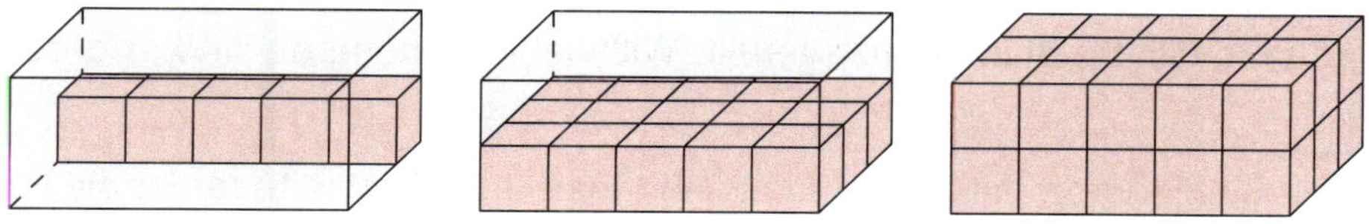

Rauminhalt einer Stange	·	Anzahl der Stangen	·	Anzahl der Schichten	=	Rauminhalt des Quaders
______	·	______	·	______	=	______

a)

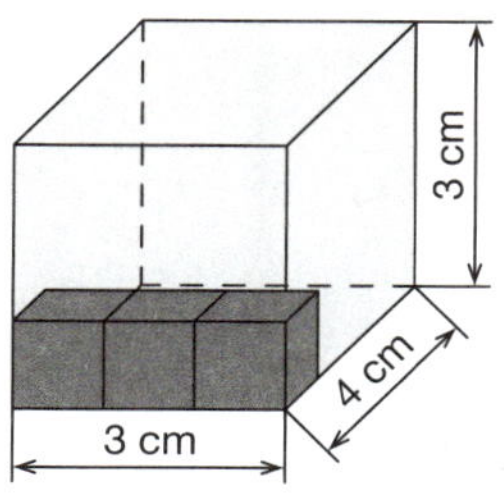

b)

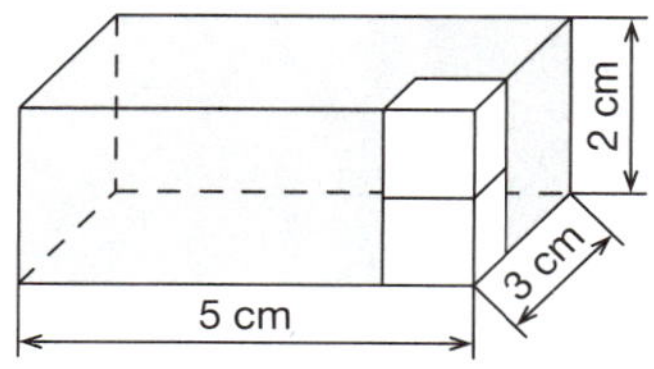

c)

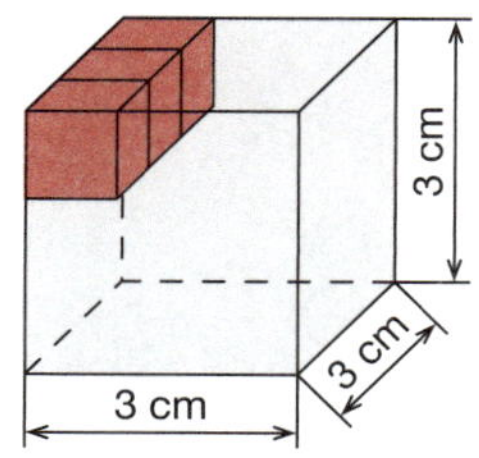

2 Simone legt acht Stangen zu je sechs Zentimeterwürfeln zu einer Schicht. Dann stapelt sie fünf Schichten übereinander. Welchen Rauminhalt hat der entstehende Quader?

3 Bilde aus 60 Zentimeterwürfeln verschiedene Quader. Fülle die Tabelle aus.

Würfel pro Stange	Anzahl der Stangen	Anzahl der Schichten	Länge (in cm)	Breite (in cm)	Höhe (in cm)	Rauminhalt (in cm^3)
6			6			60
	4			4		60
		10			10	60
						60

4 Ein rechteckiges Hallenschwimmbecken ist 25 m lang und 12 m breit. Die Wassertiefe beträgt 2 m. Wie viel m^3 Wasser fasst das Becken? ______________________

5 Ein rechteckiger Parkplatz von 65 m Länge und 48 m Breite erhält einen 4 cm dicken Bitumenbelag. Wie viel m^3 Bitumen sind nötig? ______________________

Sachaufgaben

1 Frau Berger lässt auf ihrer Terra[illegible]n quaderförmigen Behälter aufstellen, um Blumen zu pflanzen. Die Innenmaße betra[illegible]ge = 250 cm; Breite = 50 cm; Höhe = 40 cm.

a) Der Trog wird randvoll mit B[illegible]de gefüllt. Wie viel l Blumenerde sind erforderlich?

V = ____________

b) Für einen Sack Blumenerde mit 100 l Inhalt zahlt man 3,25 €. Wie teuer ist die Füllung des Behälters?

2 Svenja hat zum Geburtstag ein Aquarium bekommen.

a) Wie viel Liter fasst das Aquarium?

V = ____________ l

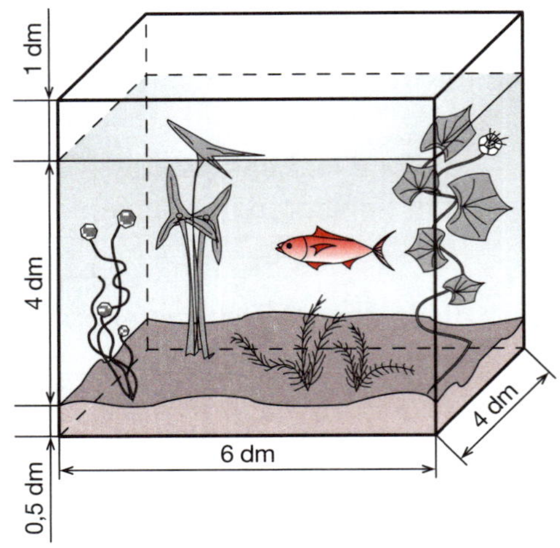

b) Svenja füllt für die Wasserpflanzen eine 5 cm starke Sandschicht ein. Beim Einfüllen des Wassers lässt sie einen 100 mm hohen Rand. Wie viel Sand und wie viel Wasser muss sie einfüllen?

3 a) Ein Holzbalken (8000 mm x 250 mm x 120 mm) wird mit einer Holzschutzfarbe gestrichen. Wie viel m^2 Oberfläche müssen gestrichen werden? ____________ m^2

b) Berechne den Rauminhalt des Balkens in m^3. ____________ m^3

Lösungen

S. 1

1. a)
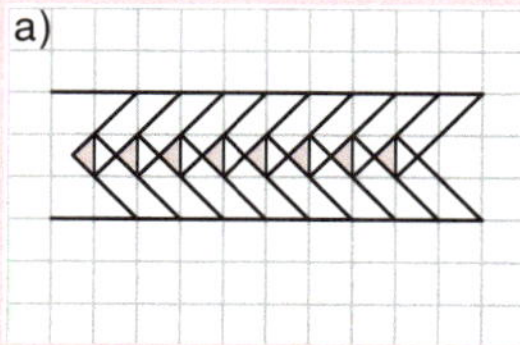
b)
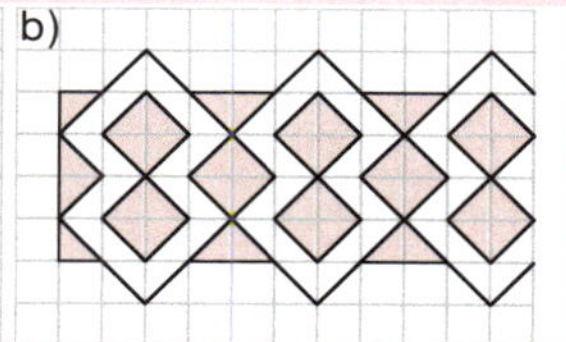

2.
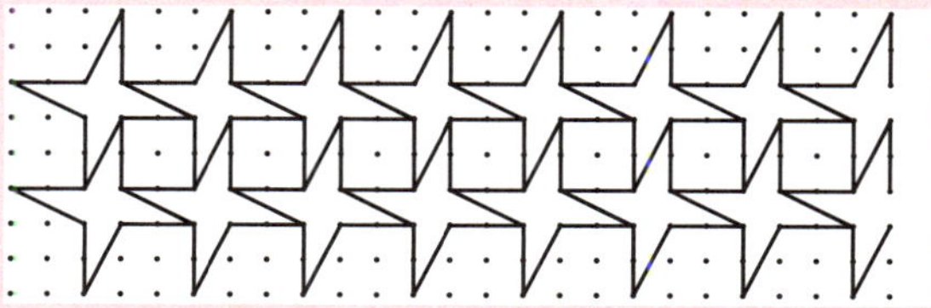

3. a)
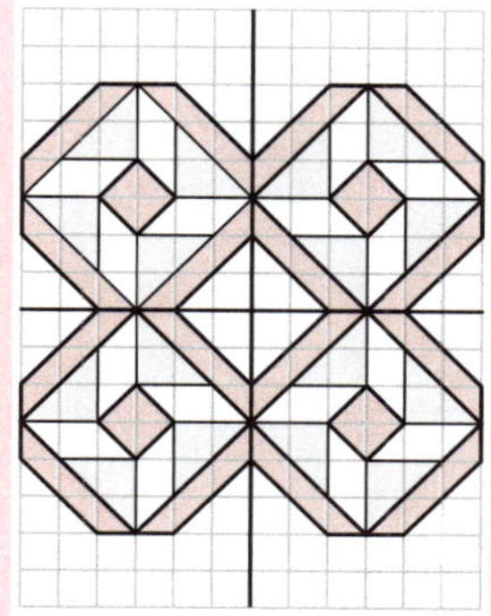
b)
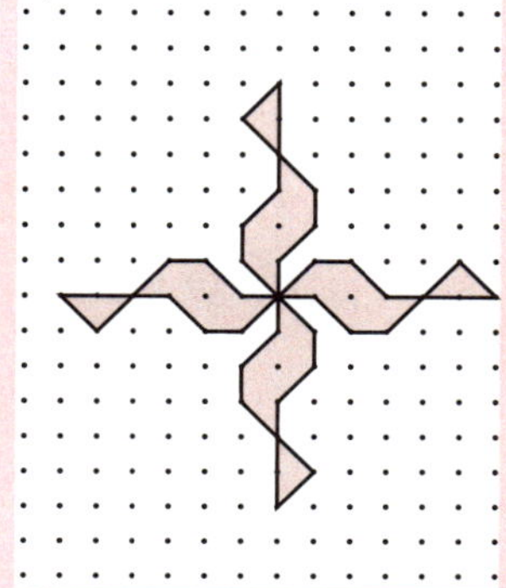

S. 2

1. a)
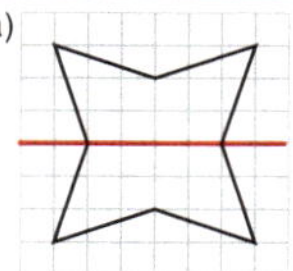
b)
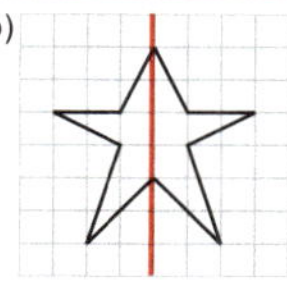
c)
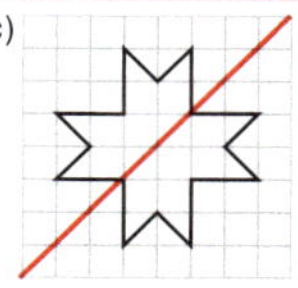

2. a)
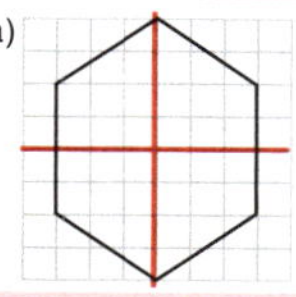
b)
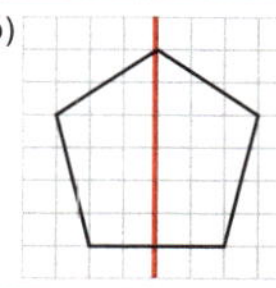
c)
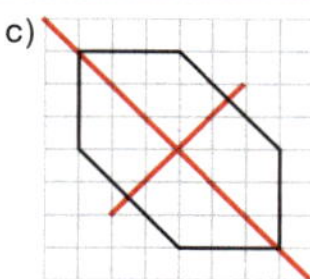

3.
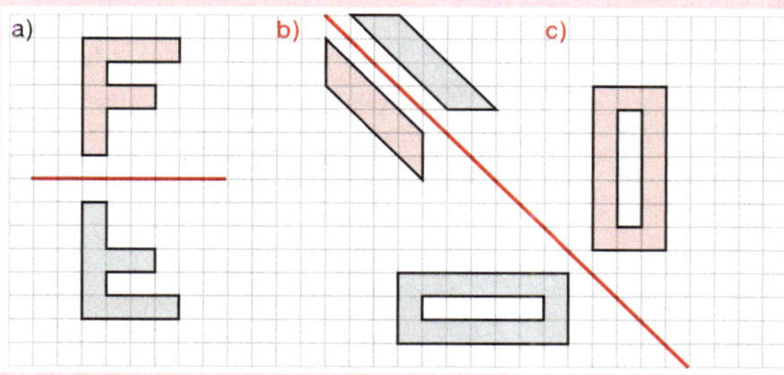

4. Für das Rechteck gilt das nicht.

S. 3

1. a)
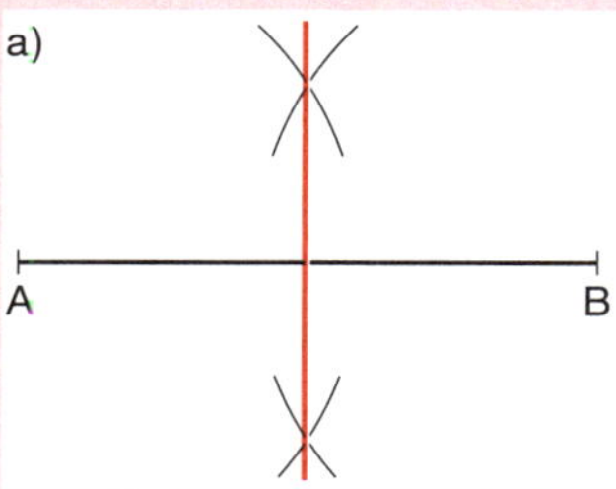

b)
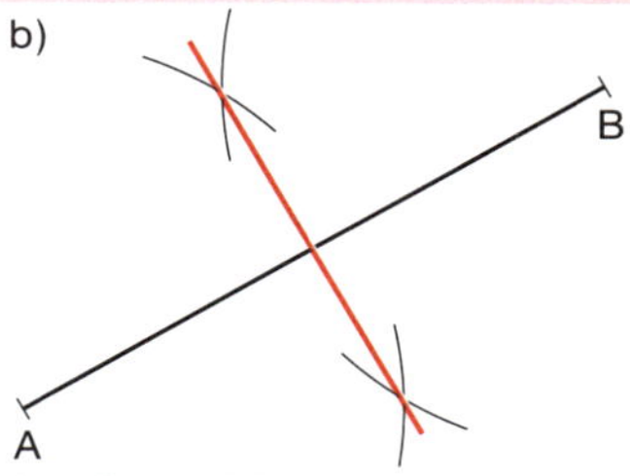

c)
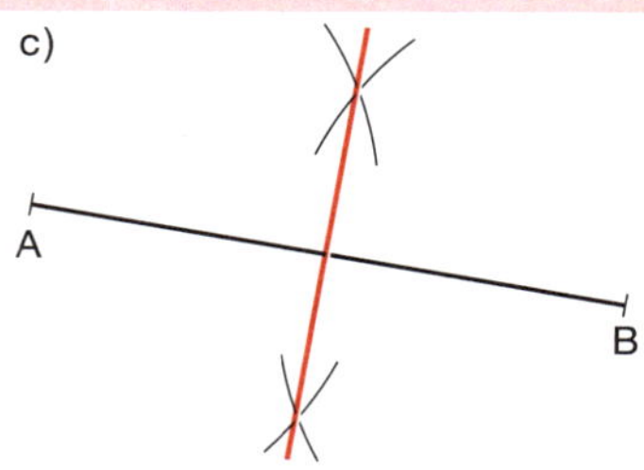

2. a)
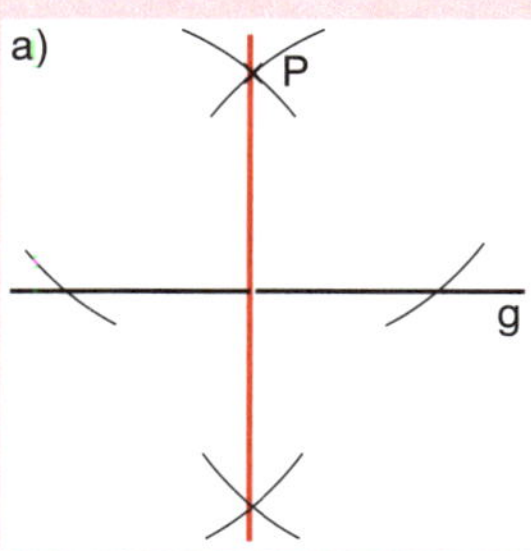

b)
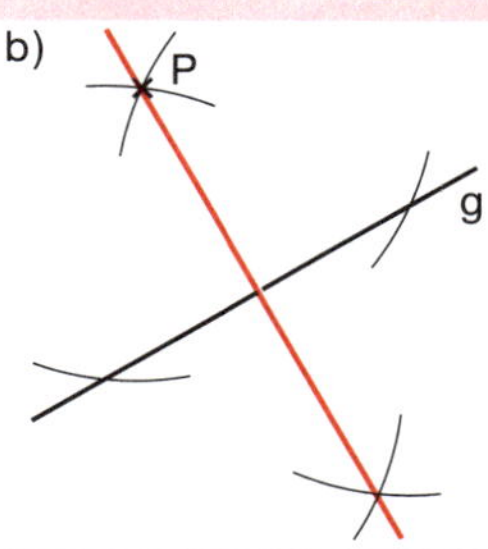

c)
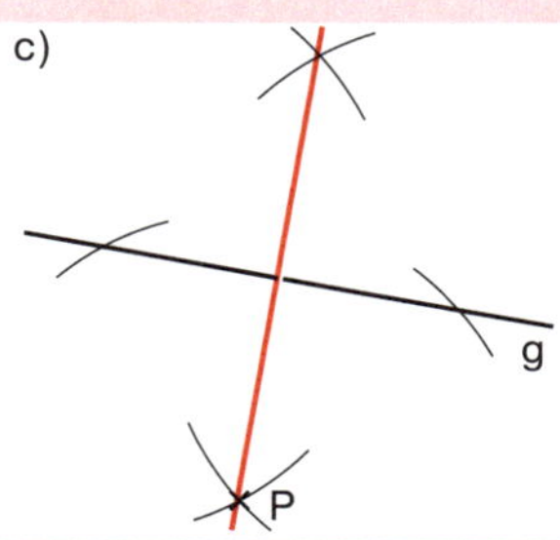

3.
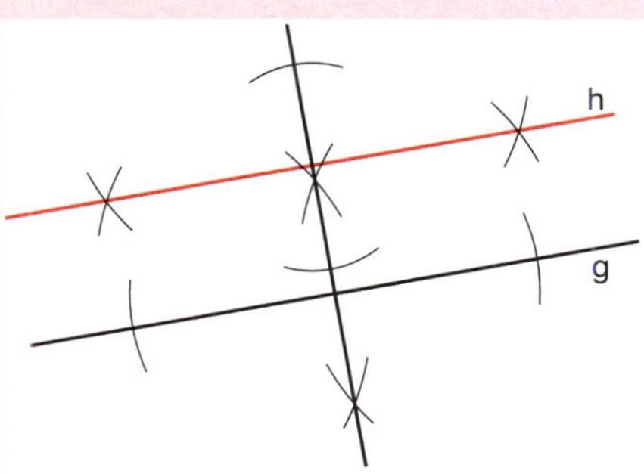

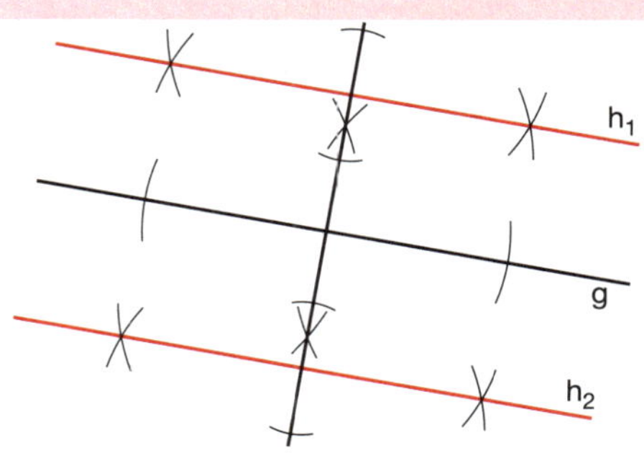

4. a)

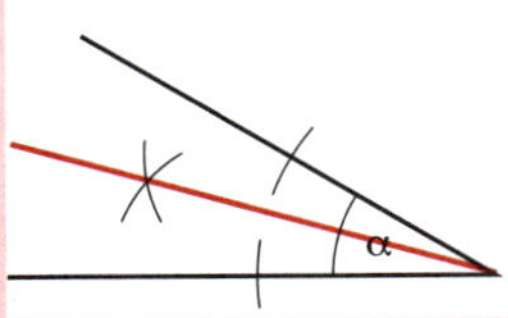

b)

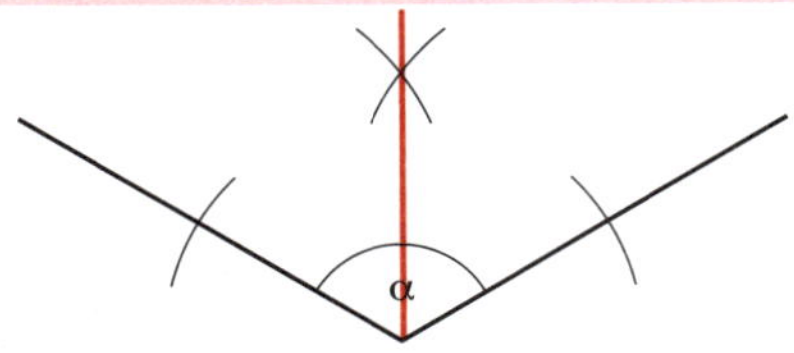

c)

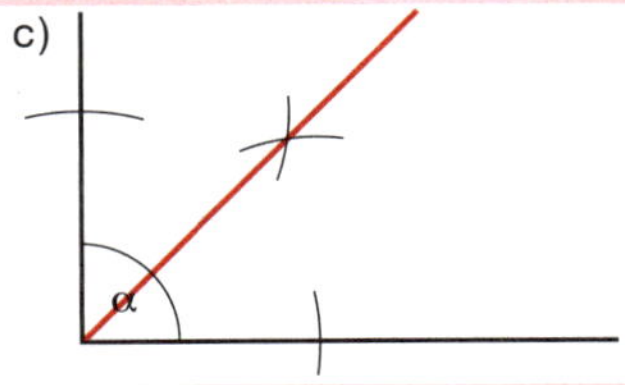

S. 4

1. a)

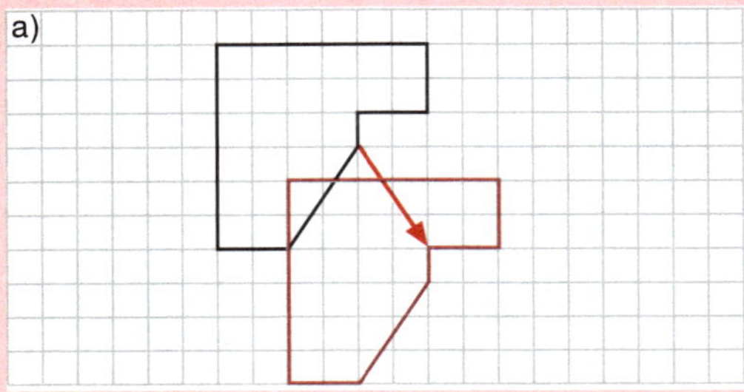

Verschiebungsvorschrift:
2 Kästchen nach rechts und 3 Kästchen nach unten

b)

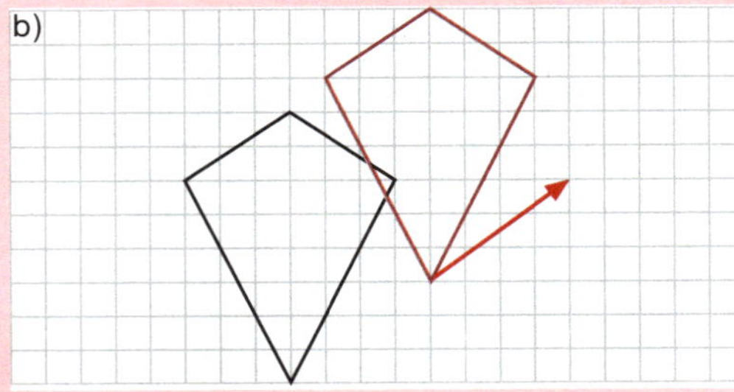

Verschiebungsvorschrift:
4 Kästchen nach rechts und 3 Kästchen nach oben

2. a)

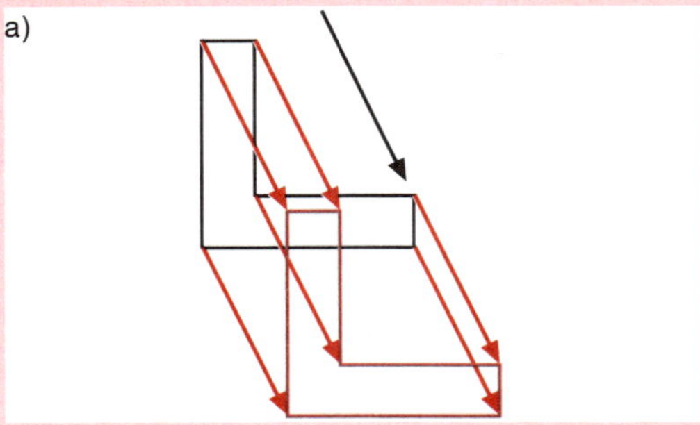

b)

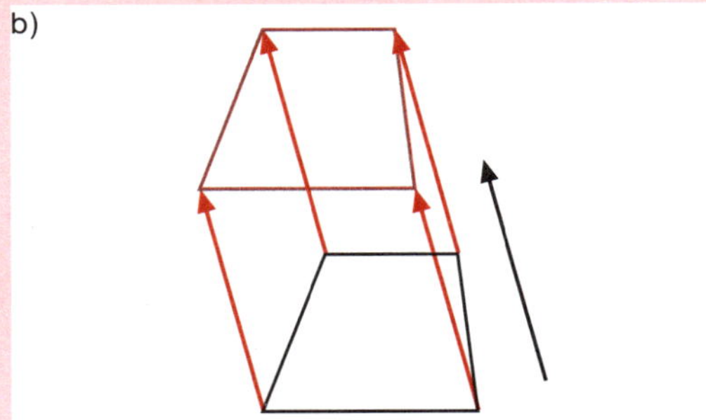

S. 5

1. a)

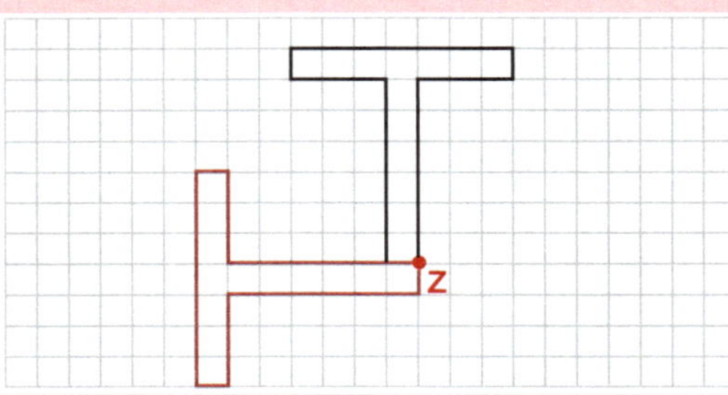

b)

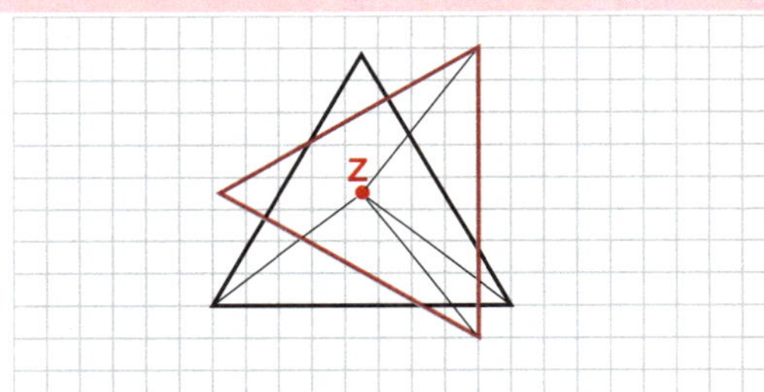

2. a)

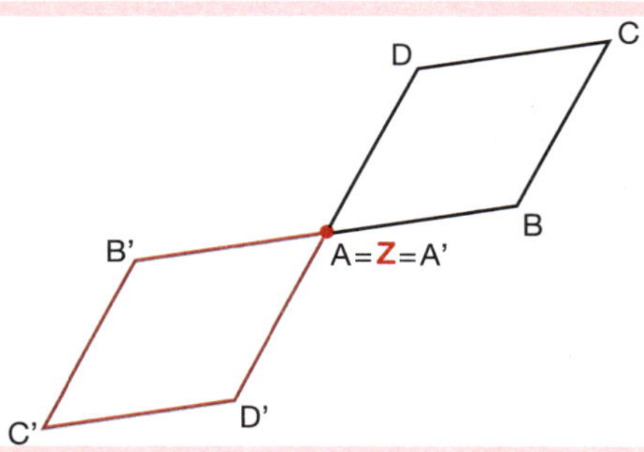

b)

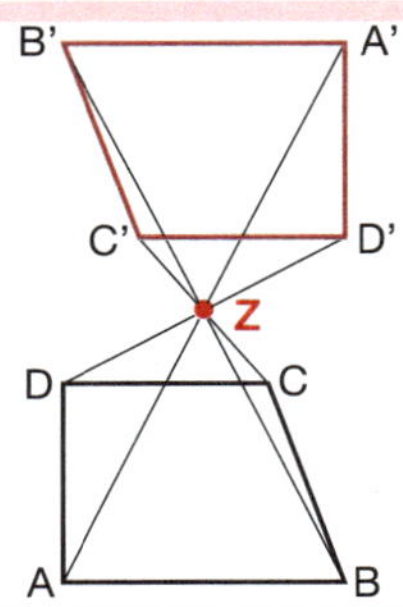

3. a)

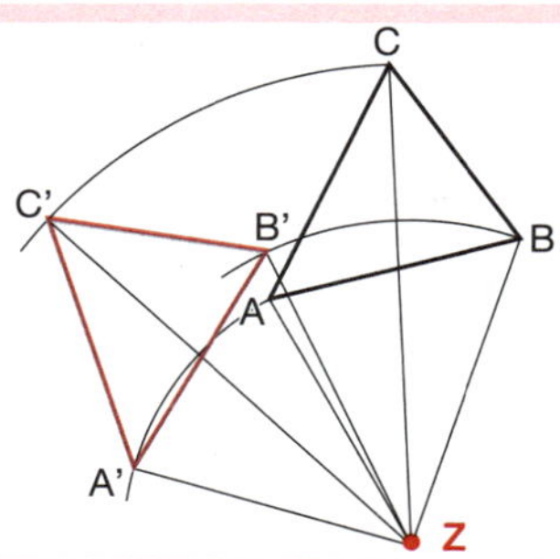

b)

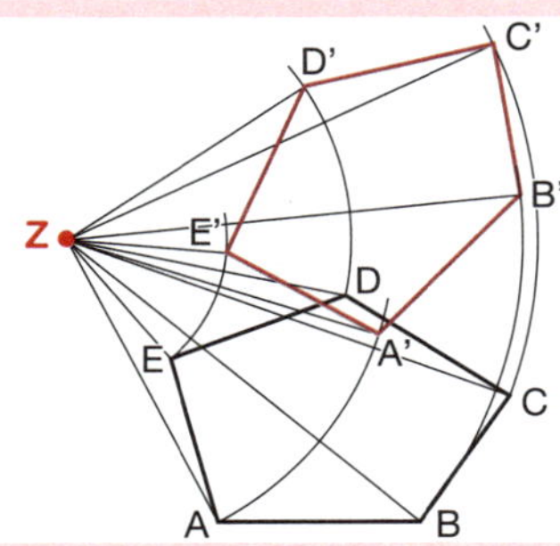

Lösungen

S. 6

1.

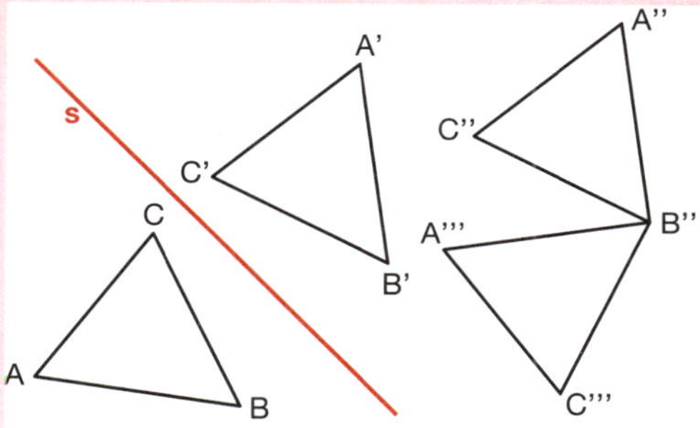

2.

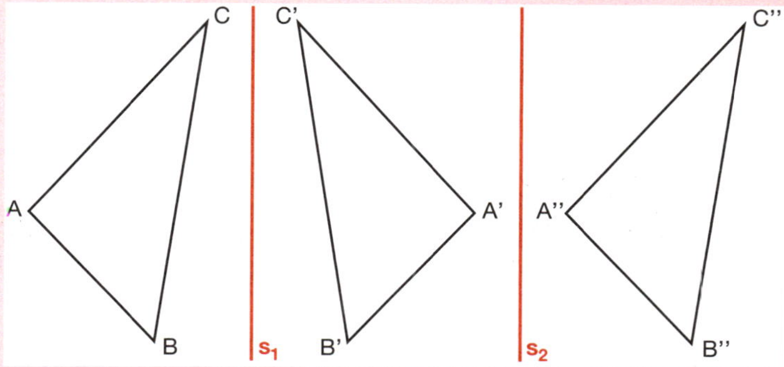

Das Dreieck ABC kann auf das Dreieck A″B″C″ durch eine Verschiebung abgebildet werden.

S. 7

1.

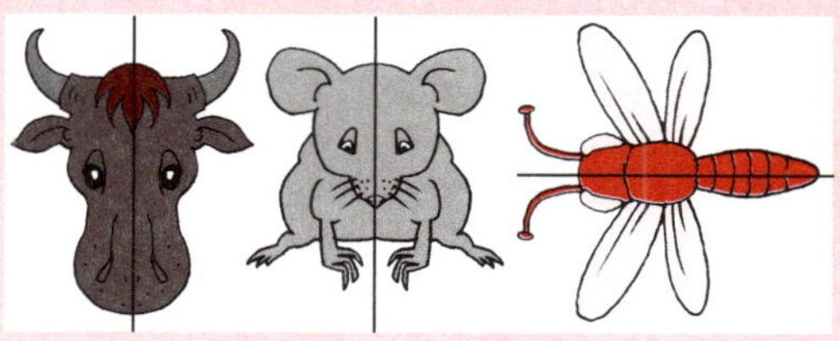

2.

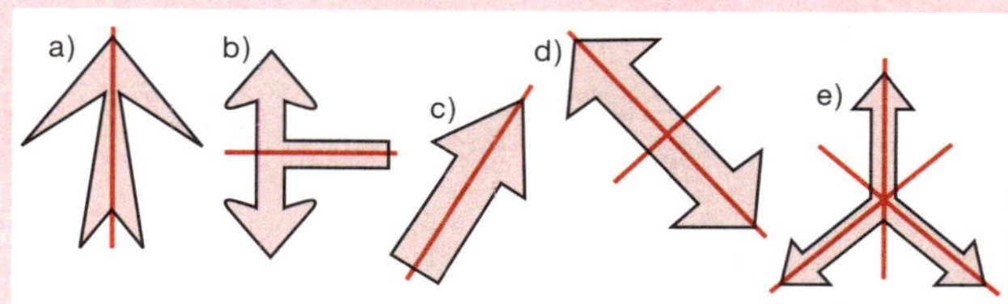

3.

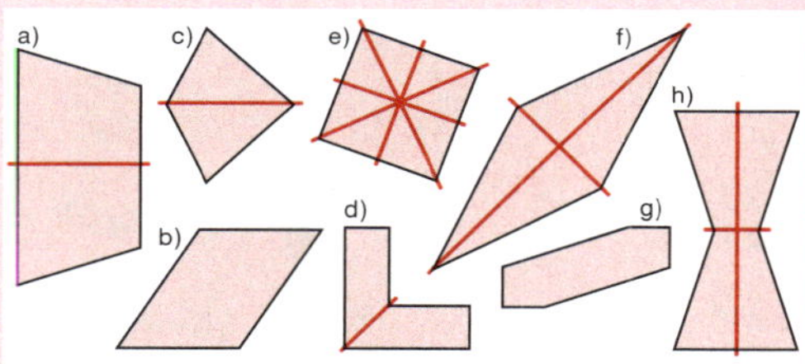

4.

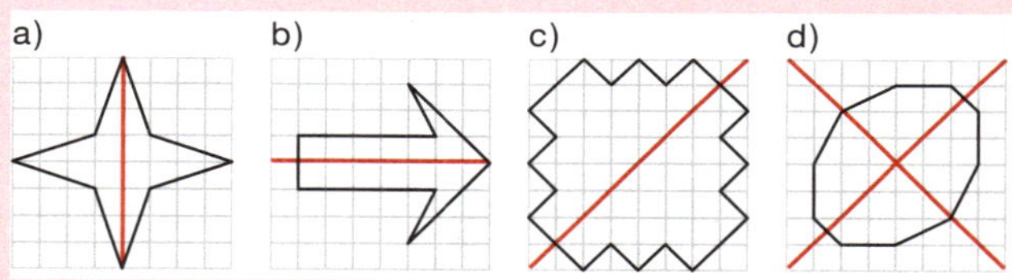

S. 8

1.

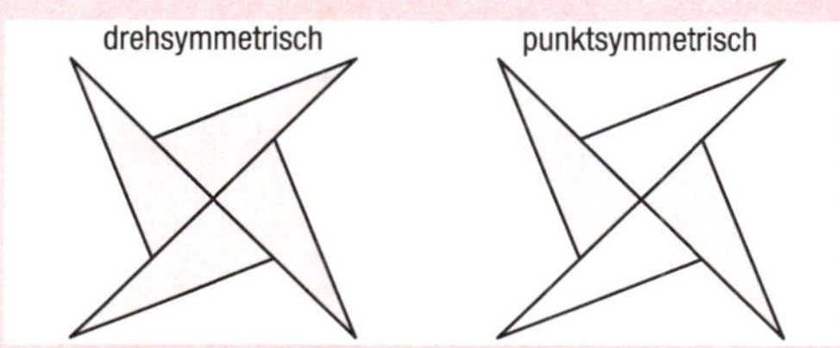

2.

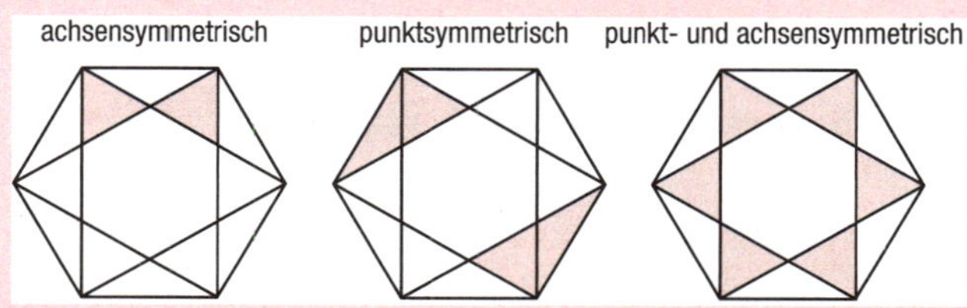

S. 9

1. a) $\frac{1}{3}$; b) $\frac{5}{12}$; c) $\frac{2}{9}$; d) $\frac{1}{6}$; e) $\frac{1}{2}$

2. a) $\frac{3}{4}$; b) $\frac{4}{12}$; c) $\frac{2}{6}$; d) $\frac{1}{3}$; e) $\frac{1}{6}$; f) $\frac{2}{9}$; g) $\frac{3}{8}$; h) $\frac{4}{8}$

3. a) $\frac{4}{5}$; b) $\frac{1}{4}$; c) $\frac{5}{12}$; d) $\frac{2}{3}$; e) $\frac{7}{10}$; f) $\frac{3}{4}$

S. 10

1.

	rot	grau	weiß
a)	$\frac{1}{8}$	$\frac{2}{8}$	$\frac{5}{8}$
b)	$\frac{1}{12}$	$\frac{6}{12}$	$\frac{5}{12}$
c)	$\frac{1}{7}$	$\frac{2}{7}$	$\frac{4}{7}$
d)	$\frac{3}{8}$	$\frac{2}{8}$	$\frac{3}{8}$

2.

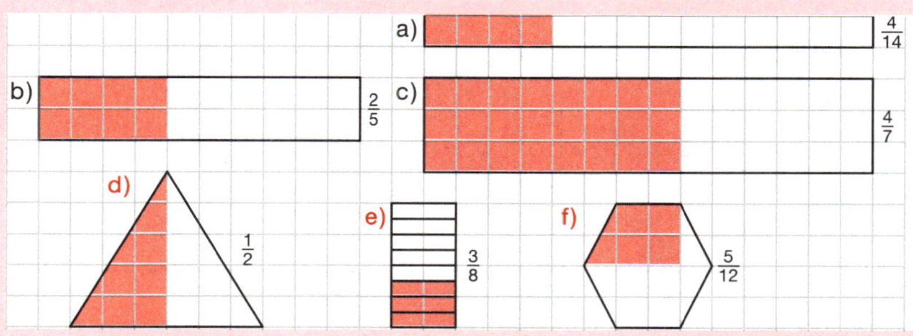

3.

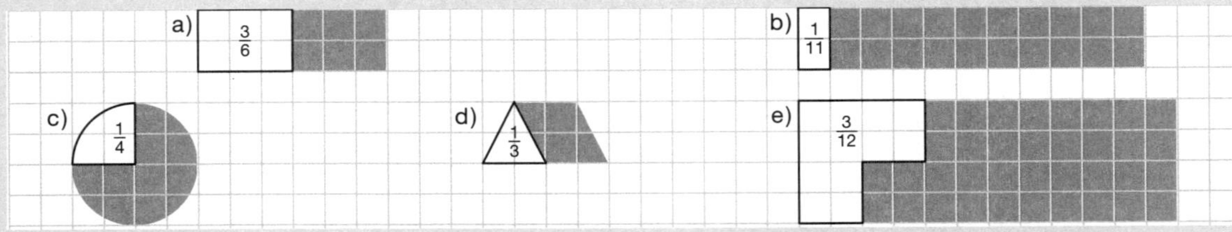

S. 11

1. a) $\frac{5}{9}$; b) $\frac{2}{9}$; c) $\frac{4}{9}$; d) $\frac{5}{9}$; e) $\frac{5}{9}$; f) $\frac{1}{9}$

2. a) $\frac{3}{5}$; b) $\frac{15}{90}$; c) $\frac{10}{25}$; d) $\frac{80}{240}$

3. a) $\frac{5}{8}$ b) $\frac{1}{2}$ c) $\frac{1}{3}$ d) $\frac{1}{4}$ e) $\frac{5}{9}$

4. a) b) c) d) e)

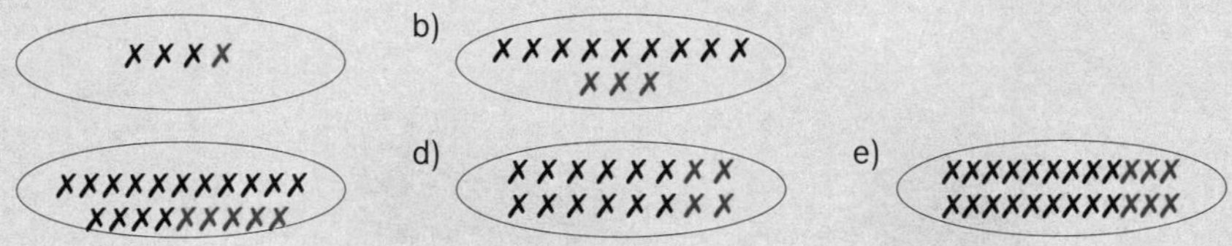

S. 12

1. a) 27 t;
   b) 15 g;
   c) 12 €;
   d) 45 €;
   e) 1500 l

2. a) 4 kg; 9 kg; 12 kg
   b) 4 cm; 9 cm; 12 cm
   c) 5 min; 12 min; 5 min

3. Goldhamster: 9 Fotos;
   Sabrina: 4 Fotos;
   Wandertag: 9 Fotos;
   verwackelt: 2 Fotos

4. Giraffe: 25;
   Wal: 150;
   Spinne: 2;
   Adler: 100;
   Regenwurm: 10

S. 13

1. a) erweitert mit 4 auf $\frac{4}{8}$
   b) gekürzt mit 2 auf $\frac{2}{5}$
   c) erweitert mit 6 auf $\frac{12}{30}$

2. a) $\frac{6}{21}$; $\frac{9}{24}$; $\frac{21}{27}$; $\frac{30}{33}$; $\frac{18}{39}$
   b) $\frac{10}{45}$; $\frac{5}{30}$; $\frac{20}{35}$; $\frac{45}{50}$; $\frac{55}{75}$

3. a) 6; b) 30; c) 28; d) 15; e) 132

4. a) $\frac{2}{5}$; $\frac{4}{20}$; $\frac{1}{6}$; $\frac{10}{12}$; $\frac{9}{18}$
   b) $\frac{3}{4}$; $\frac{2}{5}$; $\frac{7}{8}$; $\frac{1}{11}$; $\frac{5}{12}$

5. a) gekürzt mit 3 auf $\frac{6}{10}$; gekürzt mit 2 auf $\frac{9}{15}$;
   b) gekürzt mit 5 auf $\frac{6}{9}$; gekürzt mit 3 auf $\frac{10}{15}$; gekürzt mit15 auf $\frac{2}{3}$
   c) gekürzt mit 4 auf $\frac{4}{22}$; gekürzt mit 8 auf $\frac{2}{11}$; gekürzt mit 2 auf $\frac{8}{44}$

S. 14

1. a) 6 b) 48 c) 4
   d) 21 e) 49 f) 1
   g) 15 h) 4

2. a) $\frac{525}{840}$; $\frac{105}{168}$; $\frac{35}{56}$
   b) $\frac{1260}{2100}$; $\frac{180}{300}$; $\frac{18}{30}$

3. a) $\frac{3}{4}$ b) $\frac{1}{6}$ c) $\frac{4}{7}$

4. a) $\frac{3}{10}$ b) $\frac{3}{35}$ c) $\frac{1}{9}$

5. a) $\frac{4}{6}$ $\boxed{<}$ $\frac{7}{10}$ b) $\frac{3}{8}$ $\boxed{<}$ $\frac{2}{3}$ c) $\frac{3}{4}$ $\boxed{>}$ $\frac{2}{9}$ d) $\frac{7}{8}$ $\boxed{<}$ $\frac{11}{12}$ e) $\frac{3}{10}$ $\boxed{>}$ $\frac{4}{15}$

6. $\frac{1}{18} < \frac{2}{18} < \frac{3}{6} < \frac{2}{3} < \frac{6}{8} < \frac{7}{6}$

7.

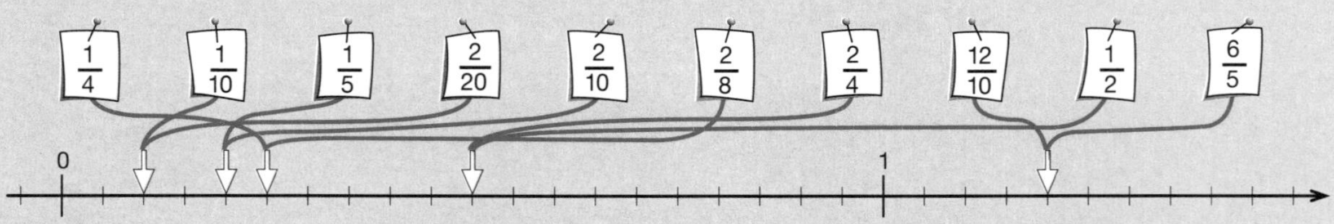

Lösungen

S. 15

1. a) $3\frac{3}{6} = \frac{21}{6}$
   b) $1\frac{4}{9} = \frac{13}{9}$
   c) $2\frac{1}{12} = \frac{25}{12}$

2. a) $3\frac{2}{5}$ 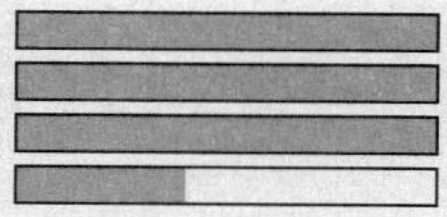
   b) $2\frac{1}{4}$ 
   c) $1\frac{7}{8}$ 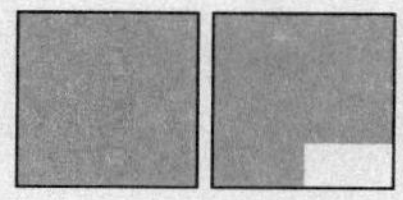
   d) $4\frac{1}{2}$ 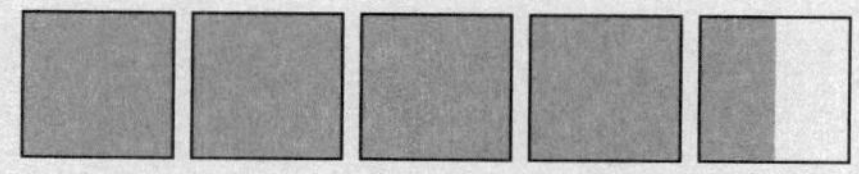

3. a) $\frac{32}{7}$ b) $\frac{50}{9}$ c) $\frac{47}{17}$ d) $\frac{67}{21}$

4. a) $1\frac{5}{8}$ b) $3\frac{7}{9}$ c) $5\frac{3}{10}$ d) $1\frac{8}{15}$ e) $5\frac{5}{12}$

5. a) 20 b) 16 c) 44 d) 63 e) 140

S. 16

1. a) $\frac{13}{15}$ 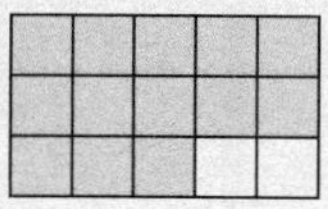
   b) $\frac{8}{16}$ 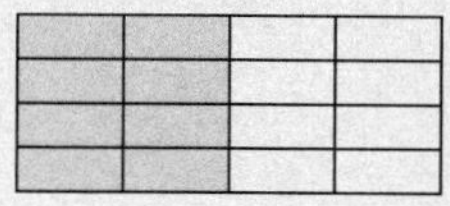
   c) $\frac{6}{8}$ 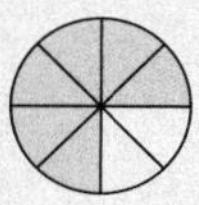
   d) $\frac{4}{6}$ 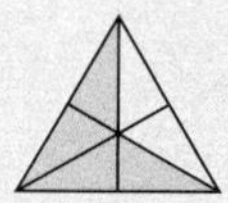
   e) $\frac{9}{10}$ 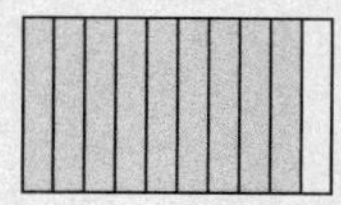

2. a) $1\frac{1}{5}$ b) $1\frac{1}{3}$ c) $1\frac{1}{8}$ d) $6\frac{1}{6}$ e) $4\frac{1}{2}$

3. a) $\frac{6}{8} - \frac{3}{8} = \frac{3}{8}$ b) $\frac{2}{3} - \frac{1}{3} = \frac{1}{3}$ c) $\frac{12}{16} - \frac{4}{16} = \frac{8}{16}$ d) $\frac{12}{16} - \frac{2}{16} = \frac{10}{16}$ e) $\frac{6}{8} - \frac{3}{8} = \frac{3}{8}$

4. a) $\frac{3}{7}$ b) $\frac{3}{13}$ c) $\frac{4}{11}$ f) $6\frac{10}{19}$

S. 17

1. a) $\frac{3}{6} + \frac{2}{6} = \frac{5}{6}$ b) $\frac{4}{8} + \frac{1}{8} = \frac{5}{8}$ c) $\frac{4}{16} + \frac{1}{16} = \frac{5}{16}$

2. a) $\frac{16}{21}$ b) $\frac{8}{9}$ c) $1\frac{3}{10}$ d) $\frac{9}{20}$ e) $\frac{7}{12}$ f) $\frac{19}{24}$

3. a) $\frac{7}{10}$; $\frac{17}{36}$; $\frac{28}{33}$ b) $5\frac{5}{8}$; $19\frac{5}{12}$; $12\frac{23}{30}$
   c) $\frac{1}{16}$; $\frac{11}{25}$; $\frac{13}{36}$ d) $2\frac{1}{24}$; $2\frac{16}{35}$; $1\frac{43}{63}$

4. $\frac{9}{10}$; $\frac{2}{5}$; $\frac{27}{30}$

5. $6\frac{1}{20}$ t

6. $5\frac{11}{12}$ t

S. 18

1. a) $1\frac{1}{5}$; $3\frac{1}{2}$; $2\frac{5}{8}$; $1\frac{2}{3}$ b) 6; 12; $2\frac{2}{3}$; 2 c) $4\frac{1}{2}$; $7\frac{1}{2}$; $1\frac{1}{2}$; $5\frac{5}{6}$

2. a) $\frac{1}{3}$; $\frac{2}{7}$; $\frac{2}{9}$; $\frac{2}{15}$ b) $\frac{3}{20}$; $\frac{4}{21}$; $\frac{5}{32}$; $\frac{7}{45}$ c) $\frac{1}{2}$; $\frac{3}{10}$; $2\frac{1}{4}$; $\frac{4}{9}$

3. a) $\frac{5}{16}$ kg; $\frac{9}{40}$ kg; $\frac{1}{10}$ kg b) $\frac{1}{4}$ h; $\frac{3}{20}$ h; $\frac{1}{24}$ h c) $10\frac{1}{2}$ *l*; 21 *l*; 8 *l*

S. 19

1. a) $\frac{1}{6}$ b) $\frac{2}{7}$ c) $1\frac{1}{20}$ d) $2\frac{2}{3}$ e) $\frac{2}{5}$ f) $\frac{1}{28}$

2. a) $1\frac{1}{8}$ b) $1\frac{1}{9}$ c) $2\frac{1}{4}$ d) $6\frac{2}{3}$ e) $4\frac{1}{5}$ f) $3\frac{1}{5}$ g) 6 h) $5\frac{4}{7}$

3. a) $\frac{1}{2}$; $2\frac{11}{12}$; $1\frac{1}{35}$ b) $4\frac{1}{6}$; $2\frac{1}{7}$; 6

4. a) $\frac{2}{3}$ b) $\frac{7}{20}$ c) 20 d) 63

5. a) $\frac{3}{4}$; $\frac{5}{9}$; $1\frac{1}{2}$; $16\frac{2}{3}$; 18 b) $2\frac{2}{5}$; 2; 36; $1\frac{2}{3}$; $2\frac{1}{5}$

S. 20

NUN HABE ICH GENUG GELERNT.

S. 21

1. $\frac{4}{10}$; 0,4; $\frac{20}{50}$; $\frac{8}{20}$; $\frac{2}{5}$ — 0,25; $\frac{1}{4}$; $\frac{2}{8}$; $\frac{10}{40}$; $\frac{25}{100}$
   1,25; $\frac{125}{100}$; $\frac{50}{40}$; $\frac{5}{4}$; $\frac{10}{8}$ — $\frac{3}{2}$; $\frac{6}{4}$; $\frac{15}{10}$; 1,5; $\frac{30}{20}$
   0,75; $\frac{3}{4}$; $\frac{12}{16}$; $\frac{6}{8}$; $\frac{75}{100}$

2. a) 0,9; 7,3; 5,3; 92,7; 0,07; 0,87
   b) 1,69; 2,37; 0,009; 0,471; 8,327; 13,037

3. a) 0,8; 0,35; 0,65; 1,72
   b) 0,34; 0,375; 0,755; 0,024

4. a) 3,05 m; 8,79 m; 4,89 dm b) 875 m; 15,08 km; 37,67 km c) 2,04 m^2; 0,7903 m^2; 33,45 cm^2
   d) 78,62 hl; 21,15 hl; 12,03 hl e) 57,85 t; 6055 kg; 4,009 t

S. 22

1. a) 1,5 / 3,9 / 10,9 b) 2,4 / 1,7 / 3,3 c) 8,81 / 8,85 / 6,88 d) 1,09 / 2,45 / 1,11

2. a) 6497,851 b) 1626,27 c) 139,586

3. a) 70,955 b) 114,625 c) 24,398 d) 9466,722

4. a) 107,575 b) 92,435 c) 6,025 d) 89,677

5.

Säfte	**3**,99	Wurst	7,**2**4	Kalbfleisch	1**3**,99
Gemüse	6,**4**3	Käse	**8**,79	Kaffee	5,8**2**
Eier	1,1**7**	Summe	17,8**8**	Summe	**23**,3**2**
Rückgeld	**8,41**	Bar	**50,00**	Rückgeld	**1,68**

S. 23

1. a) 3,5 / 75 / 0,3 / 940 b) 61,7 / 5400 / 3080 / 209

2. a) 24; 140; 7,5; 6,3; 4,8
   b) 150; 205; 10; 5,6

3. a) 0,28 / 0,72 b) 0,018 / 0,015 c) 0,78 / 0,12

4. a) 30,94
   b) 28,89
   c) 55,8256

5.

2 Cent:	83,5 mm	153 g
20 Cent:	85,6 mm	229,6 g
2 €:	55 mm	212,5 g

6. a) 3,57 € 107,5 g
   b) 9,02 € 181,26 g

S. 24

1. a) 0,08 / 2,77 / 0,239 b) 0,0044 / 0,0513 / 0,00017

2. a) 90 / 0,2 / 6,5 / 0,51 b) 80 / 335 / 60 / 90

3. a) 6
   b) 1,68
   c) 5,25

4. Zaunnägel: 349 St. Drahtstifte: 197 St.
   Stahlstifte: 263 St. Schlitzschrauben: 403 St.
   Kreuzschlitzschrauben: 241

5. Fruchtsaft: 3000 Fl. Limo: 1500 Fl.
   Sprudel: 4000 Fl. Apfelsaft: 3250 Fl.

S. 25

1. a) 8 + 9 = 17; 16 + 9 = 25
   b) 3 · 4 = 12; 3 · 8 = 24; 3 · 16 = 48
   c) 400 : 4 = 100; 400 : 8 = 50; 400 : 16 = 25
   d) 4 – 3 = 1; 8 – 3 = 5; 16 – 3 = 13
   e) 4 · 4 + 10 = 26; 4 · 8 + 10 = 42; 4 · 16 + 10 = 74
   f) 20 · 4 – 6 = 74; 20 · 8 – 6 = 154; 20 · 16 – 314

2.

x	1 · x	2 · x	3 · x + 5	100 : x – 3
0	0	0	5	╳
1	1	2	8	97
2	2	4	11	47
10	10	20	35	7
25	25	2 · 25 = 50	80	1

3. a) 7 · x – 10 b) 2 · x + 45 c) x : 3 + 23

4. a) x = 4 b) x = 10 c) x = 2 d) x = 4

5. a)

x	10 · x
2	20
7	70
10	100
12	120

b)

x	40 : x
1	40
2	20
4	10
5	8

c)

x	4 · x + 2
2	10
3	14
5	22
10	42

S. 26

1. a) x = 20 b) x = 57 c) x = 96 d) x = 26
   e) x = 11 f) x = 28 g) x = 55

2. a) x = 3 b) x = 6 c) x = 15 d) x = 12
   e) x = 21 f) x =24 g) x = 81

3. a) x · 5 = 15; x = 3 b) x – 8 = 22; x = 30 c) x · 3 = 12; x = 4

Lösungen

S. 27

1. a) x = 8
   b) x = 21
   c) x = 10
   d) x = 42
   e) x = 25

2. a) x · 9 + 8 = 80; x = 8
   b) x : 3 − 14 = 6; x = 60
   c) x : 4 − 6 = 25; x = 124

3. a) x = 6; x = 3
   b) x = 90; x = 100
   c) x = 8; x = 8

4. a) 2 · x + 3 = 19; x = 8
   b) x : 4 − 4 = 12; x = 64

S. 28

1. Strichliste:

Noten	Häufigkeit
1	卌 I
2	卌 卌 IIII
3	卌 卌 卌 I
4	卌 II
5	III
6	II

Häufigkeitstabelle:

Noten	Absolute Häufigkeit	Relative Häufigkeit
1	6	6/48 = 1/8
2	14	14/48 = 7/24
3	16	16/48 = 1/3
4	7	7/48
5	3	3/48 = 1/16
6	2	2/48 = 1/24

Gesamtzahl der Schüler: 48

Säulendiagramm:

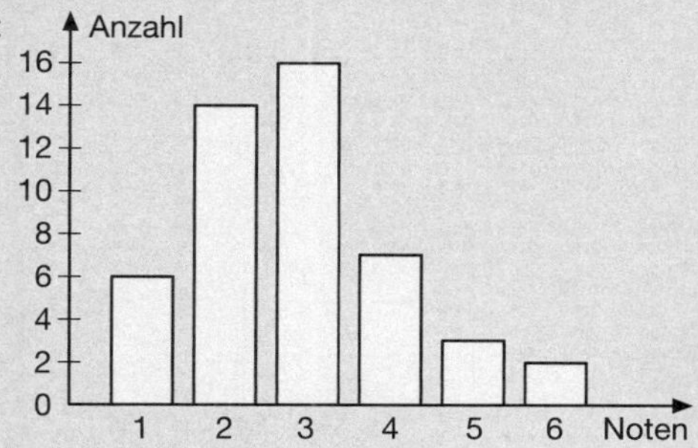

2. a) 24
   b)

Lieblingssportart	Absolute Häufigkeit
Tischtennis	3
Inlineskating	7
Fußball	10
Schwimmen	4

   c) Fußball: $\frac{10}{24} = \frac{5}{12}$; Tischtennis: $\frac{3}{24} = \frac{1}{8}$

S. 29

3. Das Mädchen hat Recht.

Augenzahl	Möglichkeiten	Wahrscheinlichkeit
2	(1; 1)	1/36
3	(1; 2), (2; 1)	2/36
4	(1; 3), (2; 2), (3; 1)	3/36
5	(1 ;4), (2; 3), (3; 2), (4; 1)	4/36
6	(1; 5), (2; 4), (3; 3), (4; 2), (5; 1)	5/36
7	(1; 6), (2; 5), (3; 4), (4; 3), (5; 2), (6; 1)	6/36
8	(2, 6), (3; 5), (4; 4), (5; 3), (6; 2)	5/36
9	(3; 6), (4; 5), (5; 4), (6; 3)	4/36
10	(4; 6), (5; 5) , (6; 4)	3/36
11	(5; 6), (6; 5)	2/36
12	(6; 6)	1/36

1000 Würfe: Die relativen Häufigkeiten nähern sich den Wahrscheinlichkeiten für die Augensummen an.

S. 30

1. a) 3-mal
   b) 8.15 Uhr; 8.20 Uhr
   c) 40 km
   d) 8.20 Uhr; 50 min
   e) 8.40 Uhr
   f) 9.15 Uhr
   g) 8.45 Uhr; 45 km

2. Tabelle 12. Februar
   12.00 – 38,4 °C
   16.00 – 39,7 °C
   20.00 – 40,4 °C

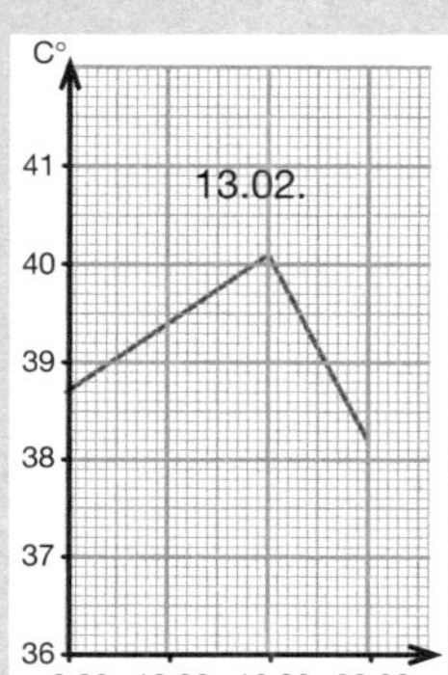

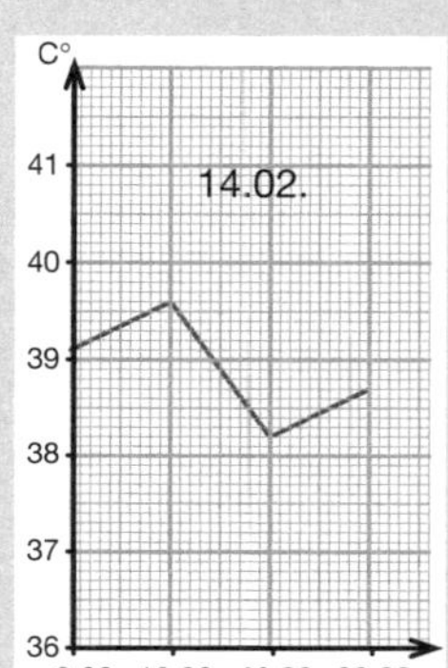

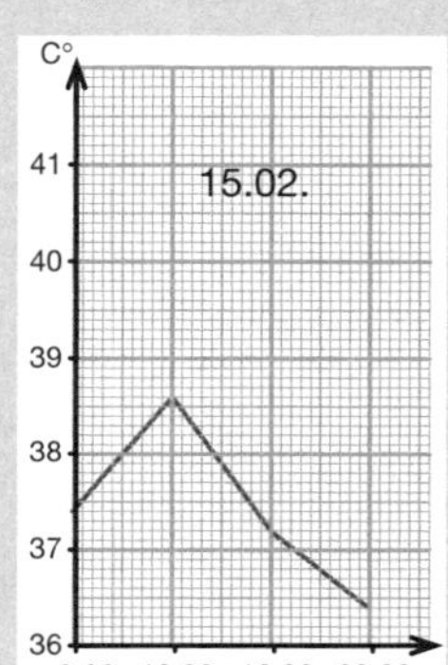

Lösungen

S. 31

1\.

Brötchen

Anzahl	Preis (€)
1	0,30
2	0,60
3	0,90
4	1,20
5	1,50
6	1,80
7	2,10
8	2,40

Wurstbrötchen

Anzahl	Preis (€)
1	0,75
2	1,50
3	2,25
4	3,00
5	3,75
6	4,50
7	5,25
8	6,00

Orangensaft

Anzahl	Preis (€)
1	0,85
2	1,70
3	2,55
4	3,40
5	4,25
6	5,10
7	5,95
8	6,80

Milchflaschen

Anzahl	Preis (€)
1	0,55
2	1,10
3	1,65
4	2,20
5	2,75
6	3,30
7	3,85
8	4,40

2\.

Pauseneinkauf der 7a

Anzahl	Preis (€)
10 Brötchen	3,00
5 Orangensaft	4,25
8 Milchflaschen	4,40
7 Wurstbrötchen	5,25
Summe	16,90

Pauseneinkauf der 7b

Anzahl	Preis (€)
6 Wurstbrötchen	4,50
7 Milchflaschen	3,85
3 Orangensaft	2,55
6 Brötchen	1,80
Summe	12,70

Pauseneinkauf der 7c

Anzahl	Preis (€)
4 Orangensaft	3,40
3 Wurstbrötchen	2,25
5 Brötchen	1,50
6 Milchflaschen	3,30
Summe	10,45

3\.

Brezel	Preis (€)
2	0,80
4	1,60
8	3,20

Äpfel	Preis (€)
3	1,20
6	2,40
12	4,80

Pudding	Preis (€)
2	1,20
6	3,60
18	10,80

Jogurt	Preis (€)
1	0,50
3	1,50
9	4,50

Baguette	Preis (€)
2	0,80
8	3,20
32	12,80

Orangen	Preis (€)
3	1,50
12	6,00
60	30,00

S. 32

1\. 4 → 2,40 €; 1 → 0,60 €; 3 → 1,80 €

2\. a) 1 → 0,90; 3 → 2,70
b) 1 → 0,75; 13 → 9,75
c) 3 → 12,00; 6 → 24,00
d) 100 → 0,50; 600 → 3
e) 50 → 1,00; 125 → 2,50
f) 600 → 1; 24 000 → 4,00
g) 1 → 2,10; 9 → 18,90
h) 1 → 12; 7 → 84
i) 2 → 48; 1 → 24

3\.

Zeit (h)	12	1	5	7	15
Wasser (*l*)	3,6	0,3	1,5	2,1	4,5

4\.

Länge (m)	4	1	3	2,5	15
Preis (€)	18	4,5	13,5	11,25	67,5

5\.

Zeit (h)	6	2	1	9	37,5
Lohn (€)	51	17	8,5	76,5	318,75

6\.

Anzahl	6	1	3	9
Preis (€)	2,40	0,40	1,20	3,60

S. 33

2\. a)

Anzahl	Tage
1	16
2	8
4	4
8	2
16	1

b)

Anzahl	Tage
1	18
2	9
3	6
6	3
9	2

c)

Anzahl	Tage
1	40
2	20
4	10
5	8
8	5

d)

Anzahl	Tage
1	48
2	24
3	16
4	12
6	8

3\.

Länge (cm)	24	12	8	6	4	2	1
Breite (cm)	1	2	3	4	6	12	24

4\.

Gewicht	50	25	150	100	500	250	125
Anzahl	900	1800	300	450	90	180	360

5\. Die Zeit verkürzt sich um 12 Tage.

S. 34

1. 6 Pf. → 18 T; 1 Pf. → 108 T; 9 Pf. → 12 T

2. a) 5 Bagger → 24 Tage
   b) 20 Teilnehmer → 27 €
   c) 90 € → 16 Urlaubstage
   d) 24 Tiere → 54 Tage
   e) 60 m Länge → 25 m Breite
   f) 60 l → 60 Heiztage
   g) 8 Teilnehmer → 49 €
   h) 28 m Länge → 54 m Breite
   i) 36 g → 20 Verpackungen

3.

Länge	8	1	5	6	9	10	15
Anzahl	90	720	144	120	80	72	48

4. a)

Pumpen	3	1	2	8
Zeit	180	540	270	67,5

b)

Zeit	180	1	135	54
Pumpen	3	540	4	10

S. 35

1. a) 24 min b) 30 € c) 3,36 € d) 6 Rasenmäher

2. a) 64 Zeilen b) 640 Seiten

3. a) 25 min b) 420 Seiten

S. 36

1. a)

Zeit (min)	Weg (km)
20	5
40	10
60	15
70	15
90	20
110	25

b) 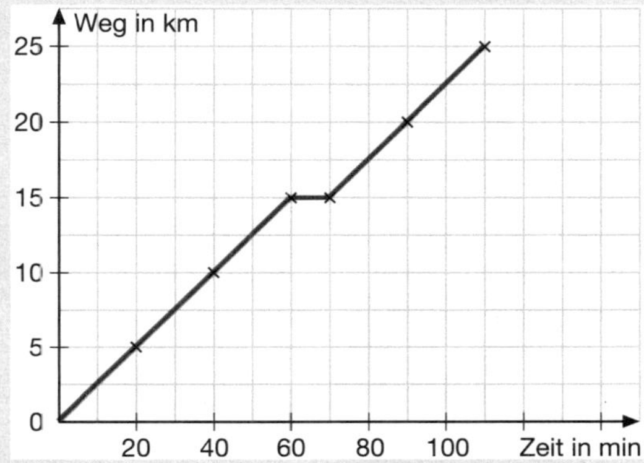

c) Die Zuordnung ist zwischen 40 Minuten und 90 Minuten nicht direkt proportional.
Begründung: Der Weg nimmt wegen der Pause nicht gleichmäßig zu.

d) Familie Meyer fährt langsamer: Die Gerade verläuft nicht so steil (flacher).
Familie Meyer fährt schneller: Die Gerade verläuft steiler.

2. a) y = 30; direkt proportionale Zuordnung b) y = 12; antiproportionale Zuordnung

3. b) antiproportionale Zuordnung; Begründung: Der Graph einer antiproportionalen Zuordnung ist eine Hyperbel.
Für a) und b) liegt eine solche Zuordnung nicht vor. a) Die Gerade geht nicht durch den Ursprung.
c) Der y-Wert verändert sich nicht.

S. 37

1. a) 9

b) c) d) 

2. a) rechtwinklig b) gleichseitig c) gleichschenklig d) gleichschenklig e) rechtwinklig, gleichschenklig

3. ☐ Ein gleichseitiges Dreieck ist auch gleichschenklig.

4. a) 5

b) 10

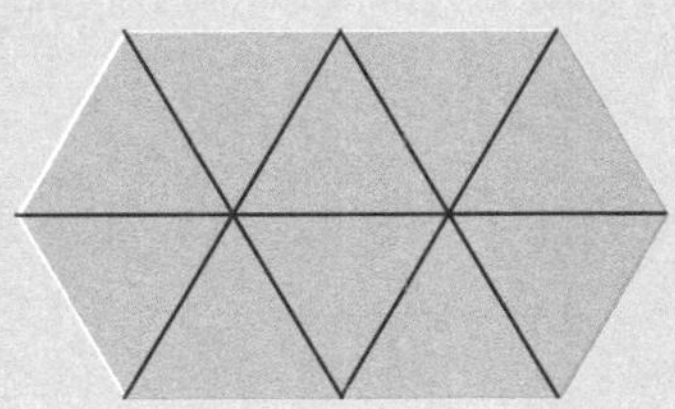

Lösungen

S. 38

1. a) b)

spitzwinklig	3; 4
rechtwinklig	1
stumpfwinklig	2; 5
zwei gleich lange Seiten	1; 4

c)

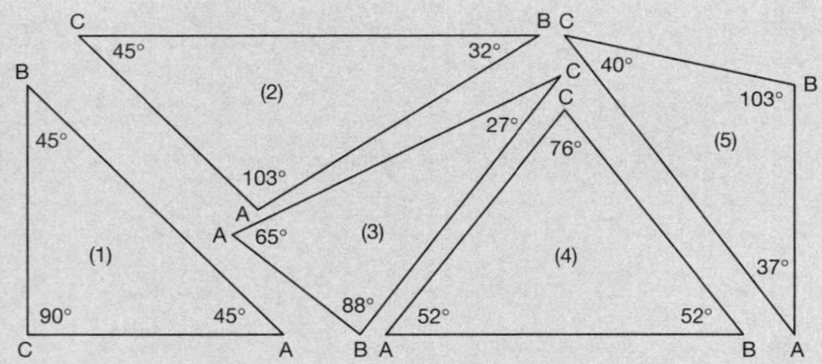

2.

	a)	b)	c)	d)	e)	f)
Winkel α	74°	59°	34°	27°	63°	60°
Winkel β	60°	31°	117°	27°	63°	60°
Winkel γ	46°	90°	29°	126°	54°	60°

3. b) C_3; C_5; C_{11}; C_{13} c) C_8 d) ABC_1: stumpfwinklig; ABC_4: spitzwinklig; ABC_5: rechtwinklig; ABC_6: stumpfwinklig; ABC_9: stumpfwinklig

S. 39

1. a) a = 6,5 cm; b = 6,5 cm; c = 5,5 cm   a = 7 cm; b = 7 cm; c = 7 cm
   b) α = 65°; β = 65°; γ = 50°   α = 60°; β = 60°; γ = 60°

2.

3.

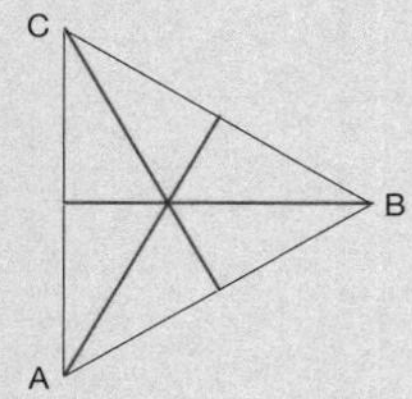

S. 40

1. a)

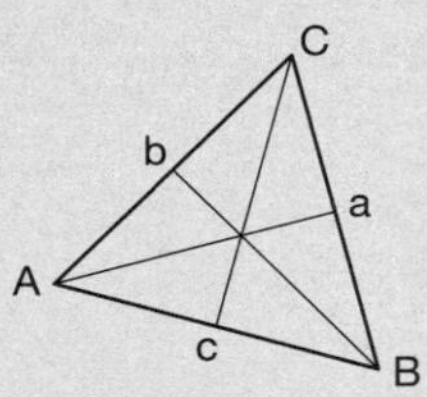

b)

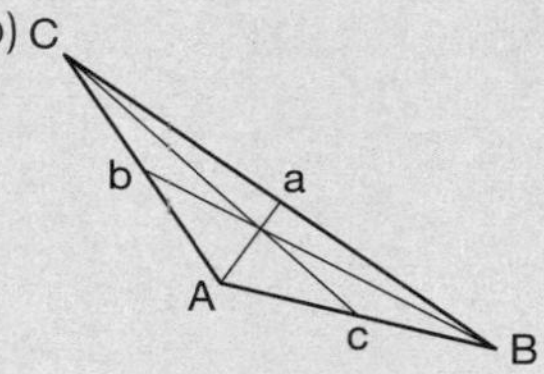

2. a)

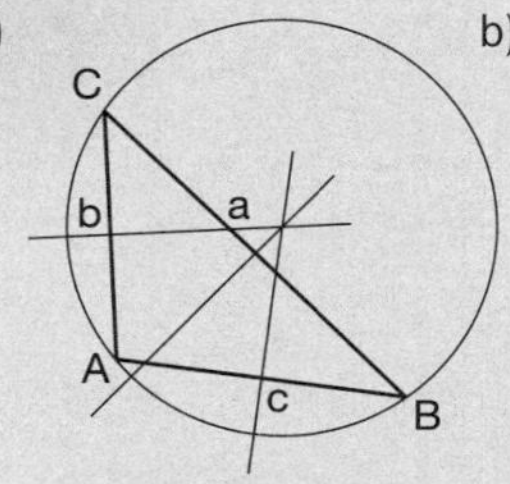

b)

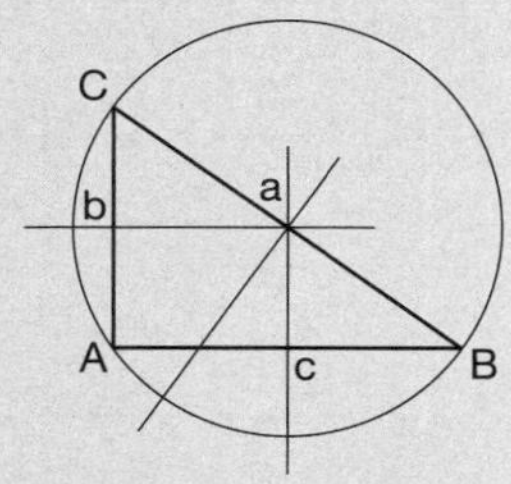

3. a)

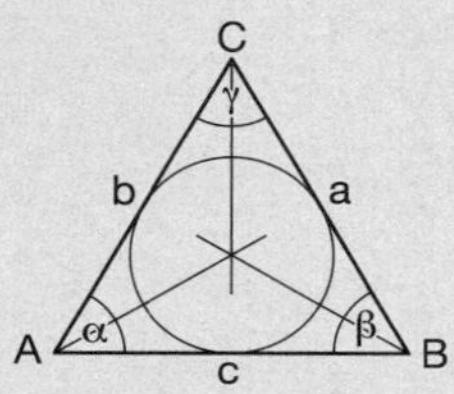

b)

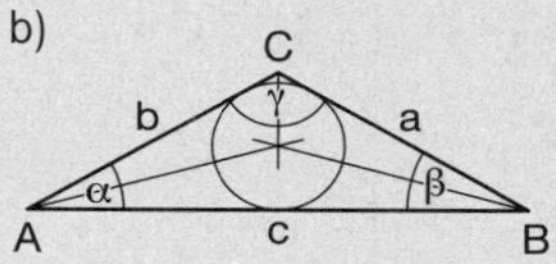

S. 41

1. a)

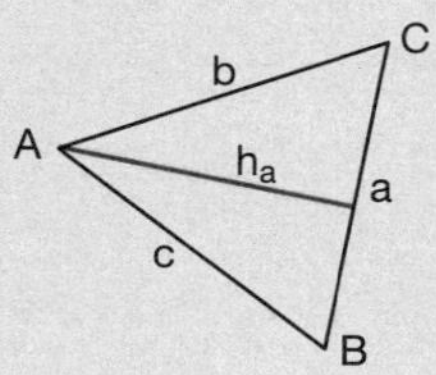

h_a = 4,0 cm

b)

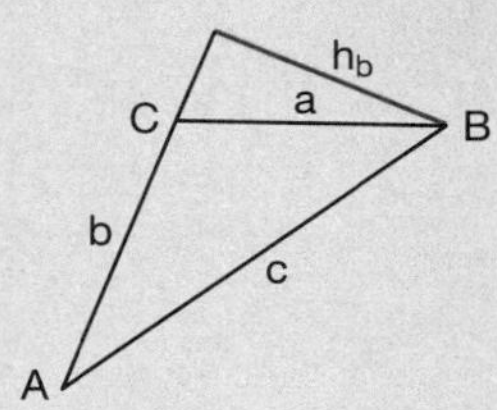

h_b = 3,4 cm

c)

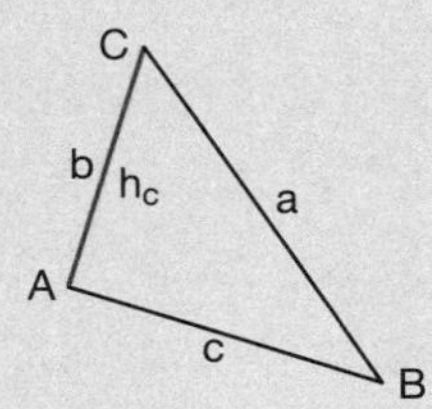

h_c = 3,4 cm

2. a)

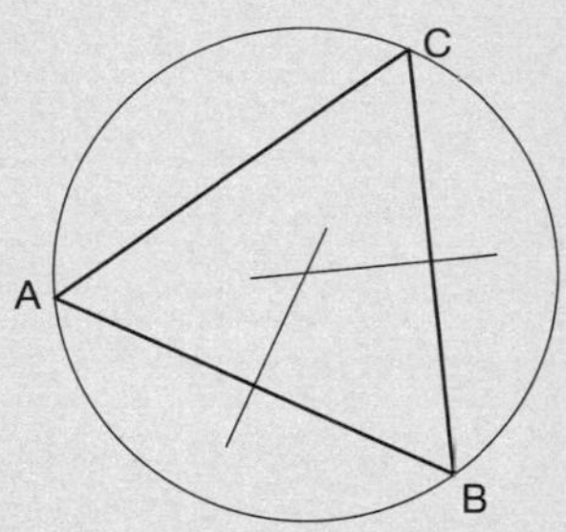

b)

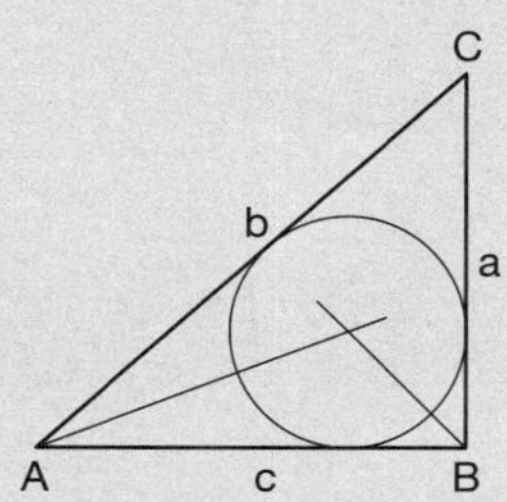

3. a) Schwerpunkt b) Mittelsenkrechten c) rechten Winkel d) außerhalb e) Mittelpunkt des Inkreises

S. 42

1. a) $\alpha = 43°; \beta = 137°; \gamma = 43°; \delta = 137°$
   b) $\alpha = 55°; \beta = 64°; \gamma = 61°; \delta = 125°$
   $\alpha'' = 55°; \alpha''' = 125°; \gamma' = 119°$

2. a) $\beta = 60°; \beta_1 = 60°; \alpha = 120°; \alpha_1 = 120°$
   $\gamma = 120°; \gamma_1 = 120°; \delta = 60°; \delta_1 = 60°$
2. b) $\beta = 75°; \beta_1 = 75°; \gamma = 105°; \alpha_1 = 105°$
   $\gamma = 105°; \gamma_1 = 105°; \delta = 75°; \delta_1 = 75°$

3. a)

α	α_1	α_2	α_3	β	β_1	β_2	β_3
50°	50°	50°	50°	130°	130°	130°	130°
γ	γ_1	γ_2	γ_3	δ	δ_1	δ_2	δ_3
50°	50°	50°	50°	130°	130°	130°	130°

b)

α	α_1	α_2	α_3	β	β_1	β_2	β_3
51°	129°	51°	129°	64°	116°	64°	116°
γ	γ_1	γ_2	γ_3	γ_4	γ_5		
65°	64°	51°	65°	64°	51°		

S. 43

1. a) $\alpha = 57°$
   $\beta = 49°$
   $\gamma = 74°$

b) $\alpha = 42°$
   $\beta = 42°$
   c = 7,1 cm

c) $\beta = 53°$
   a = 4,2cm
   c = 7,1 cm

d) $\alpha = \beta = 56°$
   $\gamma = 68°$
   b = a = 4,9 cm

2. b) Sie muss mindestens 2,8 cm lang sein.

S. 44

1. a) Planfigur:

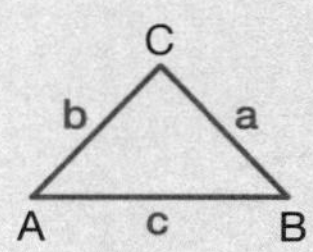

Konstruktion:

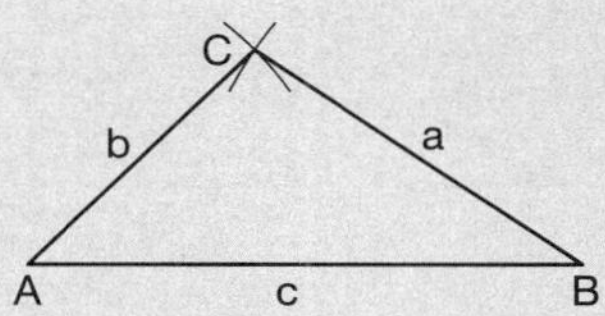

b) Planfigur:

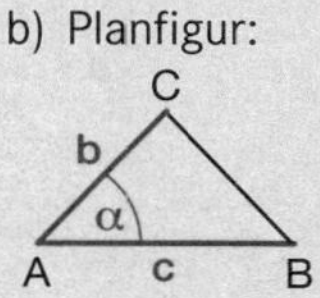

Konstruktion:

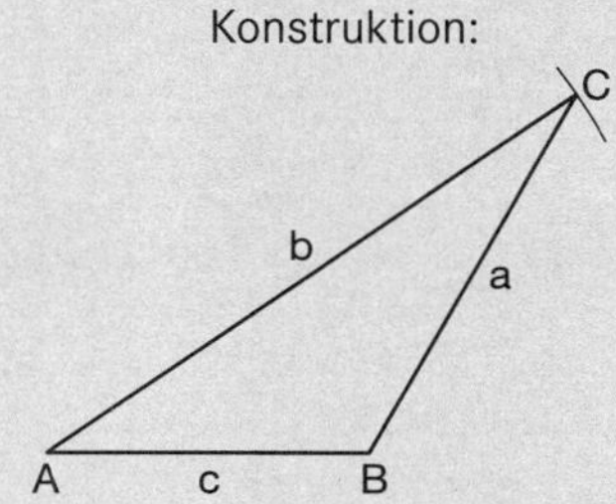

c) Planfigur:

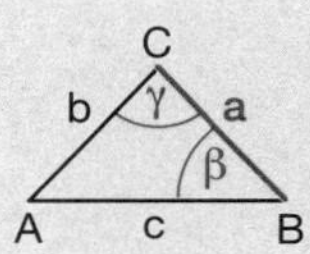

Konstruktion:

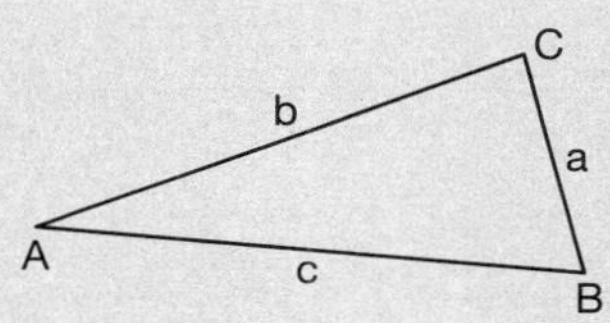

d) Planfigur:

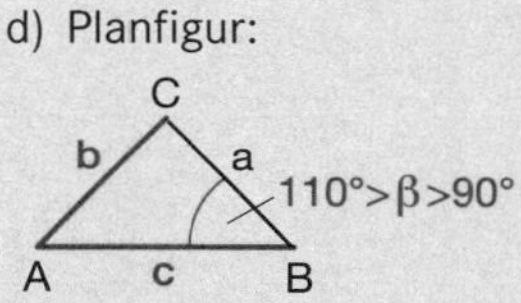

Konstruktion:

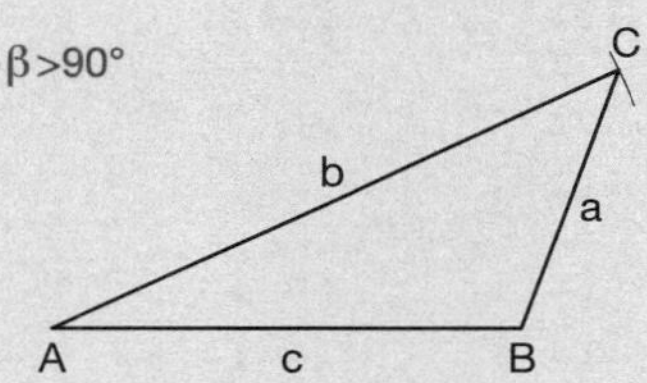

2. a) sss b) sws c) wsw d) ssw

3.

	α	β	γ
a)	45°	35°	100°
b)	35°	118°	27°
c)	25°	70°	85°
d)	25°	110°	45°

S. 45

1.

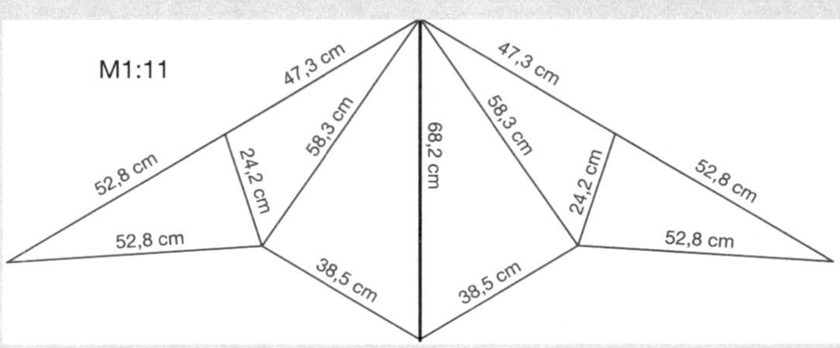

Lösungen

S. 46

1. a) 27 cm^2
   b) 200 dm^2
   c) 26 m^2

2.

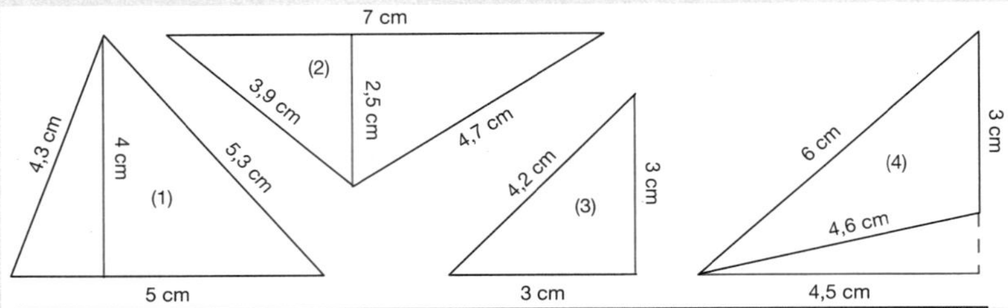

a)	A = 10 cm^2	A = 8,75 cm^2	A = 4,5 cm^2	A = 6,75 cm^2
b)	u = 14,6 cm	u = 15,6 cm	u = 10,2 cm	u = 13,6 cm

3. a) A = 18 cm^2 b) A = 36 dm^2 c) A = 375 cm^2 d) h = 6 cm e) h = 12 dm f) g = 12 cm g) g = 10 dm

4. a) Die Gesamtfläche des Giebels beträgt 3,6 m^2. b) Die Verglasung kostet 280,80 €.

S. 47

1. a) Dachneigung 30°
   h = 2,8 m
   b) Dachneigung 40°
   h = 4,2 m
   c) Dachneigung 45°
   h = 5 m

2. Die Straße wird 3,7 km lang.

3. Das Schiff ist von A 25 km entfernt.
   Von B ist das Schiff 19 km entfernt.
   Das Schiff ist von der Küste 14 km entfernt.

S. 48

1. Sie benötigt je zweimal 9 cm x 7 cm, 9 cm x 5 cm und 7 cm x 5 cm. A_O = 286 cm^2

2. a) 15,04 dm^2 b) 3,840 dm^3

3. a) 348 cm^2 b) 290 cm^2 c) 352 cm^2

4. a) A_O = 2400 cm^2; V = 8000 cm^3; b) A_O = 9600 cm^2; V = 64 000 cm^3

S. 49

1. a) (1) und (4); 48 Würfel; (2) und (5); 40 Würfel; (3) und (6); 36 Würfel

2. a) (1) 45 (2) 12 (3) 36
   b) (1) 245 cm^3 (2) 36 cm^3 (3) 60 cm^3

3. a) 6 cm x 4 cm x 2 cm
   b) 4 cm x 2 cm x 6 cm
   c) 8 cm x 2 cm x 3 cm

S. 50

1. a) 8000 cm^3 = 8 dm^3 b) 15 400 cm^3 = 15,400 dm^3 c) 80,3 dm^3 = 80 300 cm^3 d) 6500 mm^3 = 6,5 cm^3
   e) 60,85 dm^3 = 0,060 85 m^3 f) 2,90 m^3 = 2900 dm^3

2. a) 6,305 cm^3; 0,08043 dm^3; 0,00506 m^3; 0,00005 cm^3
   b) 46 dm^3; 0,000 052 m^3; 27,309 cm^3 0,000026 dm^3

3. a) 175 m^3 320 dm^3 70 cm^3 321 mm^3 210 dm^3 328 cm^3
   b) 205 m^3 26 dm^3 702 dm^3 5 cm^3 602 m^3 5 dm^3

4. a) 43 000 dm^3 82 dm^3
   b) 0,0007 m^3 0,036 cm^3
   c) 9,017 dm^3 38,025 cm^3
   d) 10,500 m^3 92,007 dm^3

5. a) 2,028 *l* 64,10 hl
   b) 6250 *l* 9,065 m^3
   c) 62,5 *l* 3050 ml
   d) 0,352 hl 0,500 *l*

6. 625 *l*

S. 51

1. a) 36 cm^3 b) 30 cm^3 c) 27 cm^3

2. 240 cm^3

3.

Würfel pro Stange	Anzahl der Stangen	Anzahl der Schichten	Länge (in cm)	Breite (in cm)	Höhe (in cm)	Rauminhalt (in cm^3)
6	5	2	6	5	2	60
5	4	3	5	4	3	60
3	2	10	3	2	10	60
3	4	5	3	4	5	60

4. 600 m^3

5. 124,8 m^3

S. 52

1. a) V =500 000 cm^3 = 500 *l* b) 5 Säcke; 16,25

2. a) 132 *l* b) Sand: 12 dm^3; Wasser: 96 *l*

3. a) 5,98 m^2 b) 0,240 m^3